科技部"十二五"科技支撑课题 2013BAJ02B04《建筑室外环境改善技术集成示范与评价》
北京未来城市设计高精尖创新中心资助课题 UDC2016020100《城市更新关键技术研究》

建筑室外环境舒适度的模拟评价与改善方法

Simulation, Evaluation and Improvement Methods of Outdoor Environment Comfort

苏 毅 朱大鹏 丁 奇 邹 越 潘剑彬 著

中国建筑工业出版社

图书在版编目（CIP）数据

建筑室外环境舒适度的模拟评价与改善方法/苏毅等
著.—北京：中国建筑工业出版社，2017.4
　　ISBN 978-7-112-20633-9

　　Ⅰ.①建…　　Ⅱ.①苏…　　Ⅲ.①建筑工程—室外—环
境—舒适性—研究　　Ⅳ.①TU-856

　　中国版本图书馆CIP数据核字（2017）第069729号

责任编辑：付　娇　王　磊　石枫华
书籍设计：京点制版
责任校对：赵　颖　王　瑞

建筑室外环境舒适度的模拟评价与改善方法
苏　毅　朱大鹏　丁　奇　邹　越　潘剑彬　著

＊
中国建筑工业出版社出版、发行（北京海淀三里河路9号）
各地新华书店、建筑书店经销
北京京点图文设计有限公司制版
北京京华铭诚工贸有限公司印刷
＊
开本：787×1092毫米　1/16　印张：10¼　字数：211千字
2017年12月第一版　2017年12月第一次印刷
定价：48.00元
ISBN 978-7-112-20633-9
　　（30288）

前　言　PREFACE

　　本书是在科技部"十二五"科技支撑课题 2013BAJ02B04《建筑室外环境改善技术集成示范与评价》和北京未来城市设计高精尖创新中心资助课题 UDC2016020100《城市更新关键技术研究》的联合资助下出版的,课题为本书的写作提供了宝贵的实验素材与数据,促成了本书思路的形成,督促了本书写作的进程,对本书的出版起了关键性的作用。

　　本书很大程度是针对我国城市规划师、建筑师和景观设计师（在本书中统称为"设计师"）在室外环境营造方面,项目的创新需求的不断增加,而设计方法的相对受到局限的现实情况而写作的。"工欲善其事必先利其器"——本书拟定多项室外环境的参数,引进计算机数值模拟方法,提高了舒适度评价的技术水平。希望本书的出版,能使建筑师考虑将"舒适度评价"纳入到平日工作流程中来。

　　"十二五"课题的主持单位中国城市建设研究院,参与单位中国建筑标准设计研究院、中国建筑设计研究院,已将本研究方法尝试性地运用到三个示范地实际项目中,取得了一些基于实测的验证数据。如北大方正医药研究院项目,通过多轮模拟计算,发现了原设计在建筑群空间布局方面的不足,并在景观设计中予以了针对性的弥补,总体上提高了原设计的舒适度。

　　任何学科思想与方法的积累都是个长期的工作,理论创新经过实践检验,不一定都能长久留存。希望本书的出版,能激发同行们的思考,而最终共同推动下一代更优雅、经济、人性的设计方式的诞生,使新一代设计师增添更多职业自信。对本书有任何宝贵意见或建议,请发邮件给 suyi@bucea.edu.cn。

苏毅

2016-7-18

目 录 **CONTENTS**

第1章 绪 论

1.1 与城市设计有关的环境

从克诺索斯（Klossos）城算起，人类开始在地球上修建比较成规模的城市，已有6000年的悠久历史。今天全球有近40亿人口居住在城市，最大的城市绵延区面积超过8000km² [1]。城市生活已成为今天大多数人的生活方式，而这种生活方式，可能会对地球未来的环境，对我们的子孙都产生深远的影响。

"环境（environment）"一词，在维基百科网络词典中主要有7项条分缕析的分支，意义分别如下 [2]：

（1）生物环境，意指与生物个体或群体可能存在化学交互的所有物质或别种生物；

（2）物理环境，意指可能与系统交换质量、能量或其他物质的周边情况；

（3）社会环境，指个体所身处的文化背景以及与个体有交流的人和组织；

（4）自然环境，是一切有生命与无生命事物的总和；

（5）建成环境，指为人的活动而构造的周边背景，从大尺度的市政背景到个人的场所；

（6）知识环境，指促进知识、决策、推理或发现诞生的社会实践、技术和物理组合，取决于认识论的前提与目标；

（7）作为计算机专业术语的环境，如桌面环境、环境变量、集成开发环境（IDE）、运行环境等。

本书所研究的建筑室外环境，是规划师和建筑、景观设计师在日常工作中经常需要面对的问题。可以说一般除了专业的计算机术语，它的内涵涉及前6项内容——建筑室外环境既包含了物理环境、生物环境，也包含了社会环境。维特鲁威曾经在《建筑十书》里表示，建筑师的职业要求建筑师必须成为全能的人。今天，如果我们透过"环境"这个视角再来看"城市设计"对建筑师的职业要求，可以看到这样的理解并不为过。

1.2 建筑室外空间

建筑室内（外）环境，通常理解为建筑围护结构以内（外）的空间。"室内（外）"这两个词在《民用建筑设计术语标准》GB/T 50504—2009 中，出现频数高达59次，不过都是为了去解释别的词汇，而规范实际上没有解释什么是室外，可见它是个非常基础的词汇[3]。不过，建筑室外空间确实也具有一定的复杂性，下面这些空间是非常特殊的室外空间，例如：

（1）半室内、半室外的空间，类似于中国古建筑的环廊，只是有顶而没有侧边围护，建筑中庭、蟹眼等空间，既有室外环境的特征，又有室内环境的特征，日本建筑师黑川纪章将这些空间称为灰空间；

（2）大自然的洞穴空间，如贵州的岩洞、新疆地下的坎儿井、山西的窑洞等，相比普通的室内外环境，它们受外界自然条件的影响非常大；

（3）中央空调的出风口附近、烟囱上方、地铁通风口附近、室外篝火附近，这是一种特别的施加了特殊的人为影响的室外环境。

这三种室外空间比较特殊，其规律性与普通的室外空间并不完全一样，值得关注。

1.3 舒适（舒适度）

1.3.1 语义上的"舒适（舒适性）"

"舒适（舒适性）"一词在现代汉语词典中解释为舒服安逸，即在身体和精神上感到轻松愉快[3]。"舒"这个字，在《辞源》中有三种相关解释：1. 伸展。如"卷舒，犹屈申也。" 2. 徐，迟缓。3. 安详。如淮南子："柔弱以静，舒安以定。"伸展、不匆忙和安详——这三种解释，反映中国古人对舒适性的朴素理解。今天作为一个广告或房地产概念，仍不时强调的慢节奏生活，这也是中国古人对舒适性的理解之一。

在英文维基百科中，对舒适性的解释是生理和心理的轻松，或言之没有遭遇艰苦。舒适与痛苦、折磨或哀伤构成反义词。舒适感可以通过一些活动获得，如与家人见面，采取合适的饮食方式等。在卫生领域，使病人或伤者获得舒适感，是医疗康复的手段之一[4]。

不论在中国或西方，"舒"都赋予了正面含义而被广泛地作为人名或地名使用。

1.3.2 心理、生理方面的"舒适（舒适性）"

近代以来直至今天，心理、神经科学对舒适以及与舒适有关的快感问题等做过追本溯源的研究：

哈利·哈洛（Harry Harlow）于 20 世纪初，以 2000 多只实验猴子伤亡的巨大代价，揭示出心理舒适需求虽然有别于基本物质生存需求，而仍是不可或缺的；而且在某种程度上，舒适感还是可以人工设计的。哈利·哈洛曾把小猴子从原生的猴妈妈身边抱到实验室环境下，用一个有奶瓶的铁丝猴妈妈和一个没有奶瓶的绒布猴妈妈来替代，发现小猴仍倾向于与无奶绒布猴妈妈生活在一起（见图 1-1），只有在饥饿的时候才会走向铁丝猴妈妈。如果把小猴放在一个没有"绒布猴妈妈"的房间里，它们就恐惧地叫喊、缩成一团、吮吸手指，即使"铁丝妈妈"在身边也无济于事 [5]。

图 1-1　因拥抱着绒布猴妈妈而感到舒适的实验小猴与哈利·哈洛在一起

图片来源：Wikipedia.Comfort.[EB/OL]. [2016.12.20]. https://en.wikipedia.org/wiki/ Comfort

著名心理学家马斯诺（Abraham Maslow）师从于哈洛，在哈洛实验基础上，进而发展出今天广泛流传也仍有争议的"需求层次学说"。马斯诺在 1943 年发表的《人类动机的理论》（A Theory of Human Motivation Psychological Review）一书中提出了马斯诺原理。马斯诺原理的构成根据 3 个基本假设：1. 人要生存，他的需要能够影响他的行为。只有未满足的需要能够影响行为，满足了的需要不能充当激励工具。2. 人的需要按重要性和层次性排成一定的次序，从基本的（如食物和住房）到复杂的（如自我实现）。3. 当人的某一级的需要得到最低程度满足后，才会追求高一级的需要，如此逐级上升，成为推动继续努力的内在动力。马斯诺学说的支持者认为，环境的舒适性是与环境满足人的多种层次需求的能力相联系的。

许多科学研究的进展其实来源于反例。例如对舒适性的深入理解，得益于对抑郁症和成瘾药物的认识。快感缺失（抑郁症）作为精神病理症状是 19 世纪初被提出的。从表现来看，患病者处在普通人感觉舒适的环境下，仍缺乏足够舒适感 [6]。

部分是为了解开抑郁和成瘾药物之谜，神经科学家和化学家，尝试通过实验去了解快感的生理和化学基础。加拿大麦克吉尔（McGill）大学的两位心理学家奥尔兹（J.Olds）和米尔纳（P.Milner）在实验中偶然错误地把刺激电极埋置在 VTA（中脑腹侧被盖区），小鼠压杆的时候，电路接通，就会对 VTA 给予电刺激。实验中观察到小鼠会高频率地的压杆（每分钟 100 次左右）。该实验揭示出哺乳动物脑内的化学物质多巴胺（dopamine）与快感之间或许存在某种关联 [7]。

今天，围绕这种联系提出了多种假说。例如：Berridge 和 Robinson 通过实验发现，增加或者减少多巴胺并不会改变动物或者人对自然以及成瘾药物的快感体验,但是会改变动物或人对于获得奖赏刺激的动机。他们认为,多巴胺会把正常的奖赏刺激赋予动机属性,从而像磁铁一样吸引动物的注意力和欲望。而成瘾药物可以劫持多巴胺系统,使得药物本身被赋予极大的动机属性。在重复使用药物之后,动物对药物便产生不可控制的欲望。如果把合成多巴胺途径中的酪氨酸羟化酶敲除掉,动物连吃东西喝水的动机都会消失,即使面临被活活饿死渴死的危险,也失去了进食补水的动力。他们总结,进而提出了突出动机理论(Incentive Salience)。

由舒尔茨(Schultz)等人在1997年提出的"奖励预测误差假说(reward prediction error hypothesis)"发现了神经运作模式,可以用机器思考去模拟。后来人们进而通过光遗传学方法,更直接地证明了多巴胺神经元与动机、学习等心理因素的因果关系[8]。

在这些理论探索指导下,一些研究进一步揭示出特定的舒适度与脑内化学物质之间的关联性,如上海交大的连之伟课题组,通过设置实验条件来改变大鼠所处的环境温度,发现当处于27~28℃时,大鼠大致处于热平衡状态,此时大鼠下丘脑的多巴胺代谢产物,双羟苯乙酸(DOPAC)含量水平以及体温均保持稳定,此时大鼠也表现为处于热舒适状态[9]。

因而,可以认为,广义上的舒适性,是与生理和心理有关的一种愉快、放松的状态。虽然引发舒适感(不舒适感)的原因很多,但作用于人,心理、生理上的反应也有一定的类似性。舒适感与环境的关系,是确凿的,也是可以被认识、被预测的,体现出一定的环境——生理耦合模式,随着神经科学的深入发展,未来人们对舒适性的生理机制的认识将可能更加深入、细致、全面。

1.3.3 工程学中的单领域舒适度

在前面的例子中,我们不难发现,环境引发舒适感(不舒适感)的因素是很多的,如热、光、机械振动、噪声等,在工程实践中,许多处理与舒适度有关系,如采暖期的长短、铁轨的光滑程度等等,为了比较精确地去衡量人的舒适感,提高工作效率,提升生活质量,就需要对舒适度进行定量观测与权衡,也因而产生了"舒适度"(Comfort Degree)这个术语。在工程上有非常多种单项的舒适度:

热舒适度(Thermal Comfort)诞生时间较早,迄今的研究也比较多。热舒适度反映了人对温度、湿度、辐射等物理量的综合的生理感觉。近代热舒适研究最早起源于20世纪初英国矿工工作场所的热环境状况评价(Aynsley 1990),发展至今已有100余年历史。有诸如热量指数(heat index)、湿球黑球温度(WGBT)、风冷指数(wind chill index)、平均辐射温度(mean radiant temperature)等多种基于经验的方法。截至2005年,经验热舒适评价指数多达100余种(Ali-Toudert,2005)。除此以外,热舒适度还采用了基于简化机理模型的方法，诞生了如标准有效温度 SET*（standard effective temperature）、室外标准有效温度 OUT_SET*（outdoor standard effective temperature）、预计热舒适指数 PMV（predicted mean vote）、生理等效温度 PET（physiological equivalent temperature）、通用热气候指数 UTCI（universal thermal climate index）等 [10]。而 "人居环境气候舒适度（GB/T 27963—2011）"、"气候舒适度" [11] 通常也是不同应用背景下热舒适度的另一种提法。热舒适度的重要性非常高，以至有时，言及舒适度也就默认是专指热舒适度。

光环境舒适度（lighting environment comfort）是衡量环境光充分满足特定活动的能力，通常包含：照度水平、亮度比、色温与显色性、眩光干扰等视觉内容，以及光照时间等内容 [12]。

声舒适度（Acoustic Comfort）是衡量人对声音的心理和生理感受。除了声压强等客观物理量，声音的性质属于噪声或乐音也影响舒适度，甚至不同收入水平，对同一环境声场的认识也不一样 [13]。

环境振动舒适度（Environment Vibration Serviceability）也是工程上常见的舒适度，广泛应用于评估运动中的交通工具、风荷载下的高层、干道和铁道附近城市环境等等场合。振动舒适度是指生活或工作在某一环境中人群感受不到外界环境振动干扰的程度。受到外界环境振动干扰越大，环境振动舒适度越低；反之，环境振动舒适度就越高。目前有 NASA 指数、平均吸收功率、RCL 系数、ISO 加速度指标、峰值加速度指标等评估方法。其中城市区域环境振动标准（GB 10070—88）采用采用了 ISO 2631 给出的频率计权，以振级作为评价指标 [14]。

除此以外，工程学中还有立体图形视觉舒适度（针对 VR 虚拟现实眼镜）、氧含量舒适度（针对救生舱）、感触舒适度（针对可穿戴设备等）、食物舒适度（针对食品工业）等。

上面所有这些工程上的舒适度的特点是，都有针对性的应用范围，也都有特定的、定量的评价标准，在国际工程学界有相对统一的概念解释与基本认识。当然，它们运用于不同人群，结果也会有所不同。

1.3.4 人文学科的复合舒适度

除了上面提到的工程上运用的单项舒适度，在人文社会学科也同时存在一些舒适性评价：如宜居度、人居环境舒适性、城市宜居性、居住舒适度等等，这些概念或指标，不同于在工程领域通行的舒适度，通常具有比较强的综合性，指标架构也相对灵活。例如：国际宜居城市协会（IMCL）宣言、加拿大温哥华地区总体规划、北京 2005 年总体规划，也都曾涉及了 "舒适度" 或 "宜居度"。孔维东曾将这些舒适度概括为两点：（1）充分满足住区居民多样化的需求；（2）不仅应该考虑当代人的需求，也应该考虑子孙后代的需求 [15]。

李王鸣等于 1999 年对杭州的城市人居环境质量进行评价。城市人居环境是自然环境与人类社会经济活动过程相互交织并与各种地域结合而成的地域综合体。为此，根据地域层次划分，以城市人居环境的住宅、邻里、社区绿化、社区空间、社区服务、风景名胜保护、生态环境、服务应急能力 8 个评价方面为基础，充分考虑到评价指标选择的代表性、不可替代性和多层次性，选择了 29 项指标构成一个相对完整的城市人居环境评价指标体系[16]。

麦克·道格拉斯（Mike Douglass）在 2002 年建立了一个由环境福祉、个人福祉、生活世界组成的宜居性模型[17]。

与工程学科的单一方向和单一领域的舒适度相比，人文学科的舒适度内涵更丰富，可以称之为一种"复合舒适度"。

1.3.5 设计环节所需要的舒适度评价

立足于帮助城市和景观设计师，在处理中观尺度问题时建筑室外环境舒适度的改善与评价。就既需要理解工程领域的单项舒适度，又需要了解人文领域的综合舒适度。这是由城市和景观设计自身特点所要求的。同时，这种要求有一定争议与困难：

首先，如果以舒适作为设计的第一目标，并非是被建筑师和景观设计师所普遍接受的，例如日本著名建筑师中山繁信在《住得优雅》一书中指出，一味追求舒适，会让建筑的使用者变得懒惰，让空间丧失生气。他进一步举例，复合墙板具有比木材更强的耐水性，因而可以节约家务工作量，但正是因为节约劳动量，反而显得廉价[18]。既然舒适性还不是建筑设计的最高需求，似乎也就不太值得研究。

其次，综合的舒适性，必定包含非客观性内容，人的主观世界是非常复杂的，空间的目的与属性也是复杂的。马岩崧在独居女人的沙发的设计时指出，我刻意地来制造一种身体上的不舒适，有可能身体上的不舒适反而能让主人的心理更舒适？通常来说，整洁干净意味着舒适，但工作中被刻意要求时时做到整洁干净的，以秘书为职业的独居女人来说，适当的杂乱反而更令她精神放松。又比如，一般来说，绿树成荫的森林比大面积的硬质铺地更加令人愉快，可是天安门广场这样的政治广场，可以通过人群的聚集、与场所有关的历史故事和超大的尺度，达成一种心理上的震撼，由此产生一种我国是一个强大国家的自豪感，给使用者一种不一样的满足。

最后，室外舒适度是因地、因时而变的，例如室外舒适度可能在中午还非常宜人，但早晚非常寒冷；或在阴影区下还非常宜人，但在阳光曝晒区则令人汗流浃背，这些因素带来舒适度评价的时空复杂性，并不太容易针对一个项目，而要切分项目来讨论舒适度，这也就限制了舒适度评价在项目中的运用。

由于存在上述争议，设计行业中实际上确实未曾充分运用舒适度评价方法，在很多情况下，设计师只是在凭借以往经验而非打分方法进行设计。但随着今天技术的发展，公众环境意识的日益觉醒，环境舒适度评价才初步显现出其可能性与必要性：

（1）虽然建筑可能有更高的追求，但舒适性作为一项比较基础的需要，在公共投资项目中，虽然不作为第一要务，但有可能作为基本需求加以保证。今天的一些社会事件，如毒操场事件、雾霾天气等，已唤起了公众对公共项目的室外环境品质的要求，公众因而需要一套积极高效的舒适度评价体系来保证公共投资的环境质量。

（2）对于复杂的需求和各方面需求彼此矛盾的情况，最近一些多维评价已经涌现出来，如日本 CASBEE 评价，将性价比作为一种评价手段，而 ARUP 公司的 Spear 多维评价可对多方面得出结论，面对复杂的事物，或未必能做到像《中国绿色建筑评价》一样的一维评价，用以直接评价舒适度的绝对高低，但至少可以做出多边形雷达状的描述性的多维评价。

（3）得益于数值模拟计算、计算机图形（CG）和虚拟现实（VR）技术的发展，人们越来越有可以在实际建造之前就从数值上，甚至是直观感受上模拟一个环境，随着 Oculus Rift、HTC Vive 等虚拟设备的普及，人们可以在实验室里模拟出更多的人居环境，这就提供了新的可能性。

1.4 舒适与感觉

感觉是人的一种生理机能，通过感觉器官，大脑得以接触到周围环境的信息。最早被公认的五种感觉是：视觉、听觉、嗅觉、味觉和肤觉（触觉）五种，这些感觉也被称为第一类感觉。随后人们又提出第二类感觉，这些感觉反映机体本身各部分运动或内部器官发生的变化，这类感觉的感觉器位于各有关组织的深处（如肌肉）或内部器官的表面（如胃壁、呼吸道）。这类感觉有运动觉、平衡觉和机体觉。

舒适是以感觉为基础的。但舒适是否全由感觉，特别舒适是否可全由第一类感觉所决定，还存在一定争议。例如在热舒适领域，一种认为热舒适和热感觉是相同的，即热感觉处于中性就是热舒适，持有这一观点的有 Houghton，Yaglou 和 Fanger 等人。另一种观点认为热舒适和热感觉具有不同的含义，在稳态热环境下，一般只涉及热感觉指标，不涉及热舒适指标。热舒适并不在稳态热环境下存在，只存于某些动态过程中，且热舒适不是持久的。持有这一观点的有 Ebbecke，Hensel，Cabanae 和清华大学的赵荣义等。或认为热舒适不同于热感觉，而热舒适也可存在于稳态热环境中，如王昭俊[19]。

舒适度也因为感觉器官的不同，而分不同的情况。例如，一氧化碳无色无味，除了极少部分人群，通常不能被第一类感觉所及时捕获。但一氧化碳很快与血红蛋白结合，第二感觉会觉得不舒适。例如，特别高频的光线，如波长小于 $0.39\mu m$ 的蓝光和紫外线，人眼几乎完全看不见，却仍然会对视力造成伤害。照明灯具光谱里若含有较多蓝色的成分，虽然使用者一般不会立即感到不适，但长久用眼会感觉更加疲倦、感到刺眼。因而，舒适性既包含能以人的第一类感觉直接、快速感知的部分，也包含能以第二类感觉间接、缓慢感知的部分，也包含与人的长期健康有关系，又不容易被感知的部分。

1.5　室外环境舒适度评价在设计领域运用的意义

我们认为，将多种舒适度综合起来的室外环境综合舒适度评价，既是有价值，又是有可能的：说它有价值，是因为它在指导设计师更科学地选择设计手段、评价公共投资的环境效能等方面，确实是更加积极的。说它可能，是因为目前的技术手段，已具备了对舒适度这种具有复杂性的事物加以描述、刻画的能力，现实地说，体系虽不是全能的，但至少也不是完全无能的，加以谨慎和在一定范围内加以使用，它确实有一定现实价值。

针对设计师来说，在设计之前，可对场地进行评价，得到场地可能在舒适性方面有什么局限，便于在设计中加以克服；在设计中，可对各种因素进行评价打分，找到设计最薄弱的地方，并提示处理方法；可以以舒适度的获得来代替造价，作为衡量工作量的一个辅助标准，对创新又经济的设计手法是一种鼓励。对业主来说，在委托室外场地设计任务之前，可以通过评价体系，对设计师应该在哪些方面做出努力给予一定的指引；在设计中，可以通过评价体系，了解设计师的工作重点；在设计完成后，可以通过评价体系，告知监理应该注意的方面；在项目建成后，可以通过舒适性评价体系，对舒适区与非舒适区分别给予功能指导。对管理部门来说，评价体系，作为一种中立的评价标准，可为各种争议提供参考。对公众来说，评价体系及针对特定项目的评价结果，增强了项目的信息透明，利于公众对公共项目的监督。

如果面向未来，就会发现设计中的舒适度数值评价，也利于挖掘信息技术处理传统建筑问题的潜力。图灵曾说，机器也会思考，只是以一种迥异于人类的方式来思考。通过将舒适度数量评价引入设计流程，并进一步用人工智能高效完成这一步骤，可能使得设计方法发生转变，使未来设计师有可能脱身于有重复性的苦役，而更多地回归有独特性的内心世界。

第 2 章　舒适度评价体系建立的背景

本章首先追溯历史，并借鉴其他评价体系，结合设计行业对舒适度评价的具体需求，提出与构建舒适度评价体系有关的一些背景知识，以便在正式制定评价体系前，勾勒出评价体系的轮廓，合理选择编制过程的技术路线。如：总体评价方法的厘定、评价结果表达的形式的选择、评价标准的统一、评价技术的进展等等。

2.1　总体评价方法的厘定

目前存在多种可以选择的评价方法，有些方法只适于评价建成项目，有些方法既适于评价建成项目又适于评价设计项目，这些方法各具特点，分析如下。

2.1.1　直觉经验评价法

评价与选择，其实是所有生物具有的一项普遍的本能。但高等生物常常比低等的生物具更完善的评价与选择系统。例如，土狼，常常以体长来评价敌人的实力。所以，如果人把木桩在头顶上举起，土狼就会把人和木桩混为一体，不敢贸然向人发起挑战。熟悉土狼简陋的评价体系的非洲人，就这样躲避土狼的攻击。人类在自然界挑选可以食用的野果和蘑菇，也需要综合发挥视觉、嗅觉、味觉来尝试，并用一定的经验来辅助判断，这也是一种典型的直觉经验评价。

本能（直觉）评价今天在建筑界其实仍然发挥了巨大作用，特别是在居民买房过程中，去新房看一眼，实地走一走，仍然大大胜于从网上了解房屋的各种信息，查看各种图纸等等。这种方法比较容易克服两个障碍，一个是标准偏差，二个是多种因素的统一与权重选择。而且，对实际使用者的个人偏好，本能直觉评价法也有它天然的优越性。

2.1.2　综合答题法

在社会领域，以一种体系化方式进行评估。并非始于舒适度评价中常见的几种物理环境，而是从评价人开始。或可追溯到中国的科举考试制度。科举制度诞生于隋朝，它是以一种标准化的考试程序来考察人的德行与能力。而科举制度评价的功能就是选拔、甄别，如何选，仅仅用到了"考试"这一种简单有效的办法，成了选拔人才的唯一标准。科举考试的考试内容也多局限于儒家经典等人文学科范围，多年变化不大的经义、策论考试内容。到清朝时，科举考试的评分标准完全成了是皇帝的"心意"，因而具有很大的随意性，并最终走向了倒退和没落。

随后，1853年成熟的英国的文官制度，也是一种单一的评价体系。英国文官考试制度的建立是工业资产阶级在上层建筑领域反对封建残余势力和资产阶级保守势力的一次巨大胜利，剥夺了封建保守势力对行政机构的控制。避免了行政机构中的"恩赐制度"和"政党分肥制度"，排除了一朝天子一朝臣的局面，保证了政局的稳定、政策的连续和社会的正常运行。

2.1.3　专家评定法

目前最为设计师所熟悉的评价体系，就是建筑竞赛体系了。建筑竞赛体系与文官体系、科举体系有着鲜明的差距，从某种意义上说，竞赛评价体系的评价方法与科举和文官制度相比，是更倾向于开放的。从巴黎美院开始，建筑界通行的建筑评比办法，是七个评委投票选举的办法，而并不是单一评委采用固定的评判标准。

周湘津在《历时性看日本建筑竞赛与设计思潮的互动》一文中，描述了日本战后1948年第一次重要的设计竞赛——广岛和平纪念天主教堂。并列的二等奖获得者井上一典、丹下健三和三等奖获得者前川国男都采用了当时前卫的现代主义手法。而评委的意见并不一致，东京大学的教授岸田日出刀指出不设一等奖，实际上违反了竞赛公布的规定，评判的基础是相对的而不应是绝对的。评委中的保守派为此进行了辩护，其中之一的今井兼次是一个虔诚的天主教徒，他认为方案设计必须保持基督教的传统形式，并讨论了天主教堂应该是什么样子。另一个评委建筑师村野藤吾评论说"我很惊讶这些方案从设计观念到绘图技巧，完全模仿柯布西耶，不知将来会是什么样，现在应是把它们全部丢掉的时刻了。"

我国第一个采用国际上通行的七人建筑师评委制的竞赛，是国家大剧院竞赛，而此前的竞赛，评委中其实不仅包括建筑师和业主，也包括了结构工程师，人数和专业众多，常常莫衷一是。这样的制度创新，以及后来的竞赛结果，实际上引发了比较大的争议。其中某位参赛设计师不无哀伤地说：国家大剧院建设方，在竞赛之初提出了三个要求，一是中国的大剧院，二是北京的大剧院，三是天安门广场。但直到竞赛结束，我才明白过来，官方实际想要的是一个在那里的悉尼歌剧院。到了后来的国家体育场、中央电视台建筑、国家游泳馆竞赛，虽然也有争议，但设计界对这样的评选制度，意见越来越少了。

如果以法律来打比方，前一种评价方法，综合考试法类似于大陆法系的法典制度；

而后一种专家评定法评价方法，则更类似于英美法系的陪审团制度。周湘津积极评价了开放式的专家评定法对建筑思想发展和鼓励创新方面的作用，她表示：设计竞赛是建筑创新的催化剂，它以殊途同归的特点，促使建筑师从多个角度探索设计的途径和预达到的目标，最大限度地发挥创造性思维的能量，从而为使用者提供从多种方位进行多种选择的机会。竞赛产生的作品，有的尽管不一定完善，但新鲜的思路往往在激烈的竞赛中脱颖而出，开拓了设计的新境界，有的并成为未来发展的预示，或建筑师通常在思维发展到的变革点上，运用综合分析等逻辑思维加以深化，使自觉完善和寻求突破的意识，汇成新的建筑思潮，促进了设计方法的变革，推动建筑设计向新的目标发展 [20]。

2.1.4　网络投票法

2005 湖南电视台超级女声，改变了过去专家评定法，而引入了以移动互联网为基础的大数据投票方法。"超级女声"节目历时半年多的激烈比拼，在 2005 年 8 月 26 日，3 名女歌手从 15 万参与者中，闯入了总决赛。最终名次不是由专家，而是由观众短信投票所产生的。李宇春以 3528308 票夺得 2005 年度"超级女声"冠军，另外两名选手周笔畅和张靓颖分别以 3270840 票和 1353906 票获得亚军和季军。三人所得短信投票相加超过了 800 万张。外电报道，同期收看电视和网络互动的观众超过了 5 亿 [21]。

这样的投票方法，特别是手机软件微信作为实名制网络通信工具，变得更加普及以后，也被运用到建筑方案比选中。例如最近天津生态城的社区体育馆项目，通过网络投票，共有约 30 万人参与到该方案比选的评价过程中。这样的基数是过去所不能设想的，这是一种基于大数据理念的评价方法。

2.1.5　方法的总结

室外环境舒适度评价方法最应该在设计中，建造之前就得到运用。虽然设计之后的评价，仍对改建方向、规范修编等事项有很大作用，但在实际建造之前，就获得一定的评价结果，无疑可以最大程度发挥评价对于设计的积极作用，能较早地克服设计缺陷，减少投资浪费。上述四种方法中，最接近这个需求的，还是综合答题法，目前已有的针对工程或设计的舒适度评价，也几乎都采用综合答题法，这是因为设计周期常常非常紧张，工程设计利益主体也比较多，采用较为刚性的综合答题法效率比较高。

而在指标项目选择、分值权重确定等方面，可采用网络投票和专家评定方法予以弥补；如今 VR（虚拟现实）技术的发展，也为 VR（虚拟现实）环境下的本能直觉评价法创造了条件。也能克服综合答题法本身固有的过于刚性，不鼓励创新，不能针对具体使用者的个性等等问题。

2.2 评价结果表达形式的选择

舒适度的评价结果，或可以输出为数字，或图表，在这方面可以适当借鉴绿色建筑或可持续建筑评价中通行的一些方法。

2.2.1 舒适性评价与可持续评价的关系

可持续指标与舒适度指标有区别，其二者的评价原则、评价内容和评价结果是各有侧重的——可持续指标，主要用来评价项目的可持续发展能力和潜力，而舒适度评价则主要用来评价项目的品质。不过，二者的评价对象可以都是建筑、景观方案或建设项目，也有可以互相借鉴的地方。而可持续评价的研究人员比较多，政府也有一定补贴，使得该评价的研究较舒适度评价走得更加深入。总体来看，舒适度评价在评价方式、指标设定、评价结果内容等方面，值得向可持续性评价学习。

2.2.2 可持续评价从单维走向多维的历程

较早的可持续设计评价标准，如美国编制于 1994 年的 LEED（Leadership in Energy and Environmental Design）早期版本，以及我国编制于 2006 年的《绿色建筑评价标准》GB/T 50378—2006，都采用单维评价的方法。前者将建筑项目的可持续性的等级，分为认证级、银级、金级和铂金级四个级别。后者将建筑项目绿色等级，划分为一星级、二星级、三星级 3 个等级，这种评价是单维度的。

随后，人们认识到，仅仅判断一个建筑是否具有可持续性，而不论其代价是不是科学的。于是日本的 CASBEE 评价引入了"性价比"的评价方式。不仅仅评价可持续性高低，而且评达到这种评价所需要付出的代价。有些代价是能以金钱衡量的，而有的代价是可能对社会集体不利的外部效应。CASBEE 将可持续评价从单维度评价引向了二维度的评价，获得更加全面的结论，见图 2-1。

在此基础上，人们进一步认识到，同一个设计项目有多个参数，这些参数之间彼此可以调整，这就产生了更加精细的多维评价方法。如奥雅纳（ARUP）公司的可持续项目评估例行程序 SPeAR（Sustainable Project Appraisal Routine），见图 2-2。SPeAR™ 是奥雅纳为项目可持续性进行评估、论证以及改进而开发的设计工具。它能够阐明并优化与可持续发展相关的经济、社会、自然资源以及环境问题。同时，SPeAR™ 还能够为项目提供丰富的管理信息，帮助项目决策的制定。该程序对项目的可持续性做了进一步细分。其中有三个象限是可持续性的三个方面，即社会、自然和环境，而另一个象限是可持续在自然资源方面的代价。

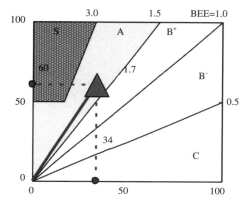

Ranks	Valuation	BEE value, etc.	Indication
S	Excellent	BEE=3.0 or more and Q=50 or more	★ ★ ★ ★ ★
A	Very Good	BEE=1.5–3.0 BEE=3.0 or more and Q is less than 50	★ ★ ★ ★
B+	Good	BEE=1.0–1.5	★ ★ ★
B−	Fairy Poor	BEE=0.5–1.0	★ ★
C	Poor	BEE=less than 0.5	★

图2-1 日本 CASBEE 是以性价比（BEE）来评价绿色建筑水平的二维评价

图片来源：http://www.ibec.or.jp/CASBEE/english/graphicE.htm。

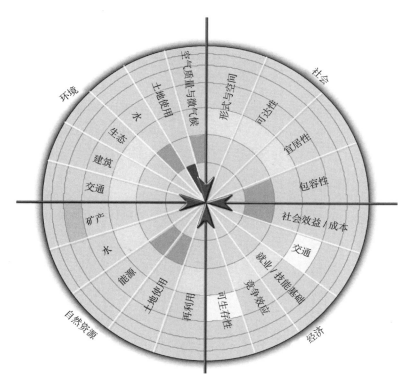

图2-2 ARUP SPeAR 是四项的多维的绿色建筑可持续评价体系

图片来源：ARUP. 生态城设计 [Z]. 2008.07。

《可持续性计量法》的作者塞西尔·斯图尔德进一步提出了一种结合了未来发展分期的五项三层的更丰富细腻的评价方法，他把这种方法命名为 EcoSTEP™，其中的五项是：经济领域、技术领域、社会文化领域、环境领域和公共政策领域，而三层则是指近期、中期和远期，见图2-3。

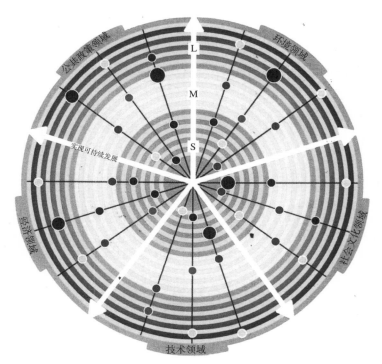

图 2-3　EcoSTEP™ 是更丰富的五项三层的多维度绿色建筑可持续评价体系

图片来源：塞西尔·斯图尔德，莎伦·库斯卡著. 刘博译. 可持续计量法——以实现可持续发展为目标的设计、规划和公共

管理 [M]. 北京：中国建筑工业出版社. 2014.01。

2.2.3　舒适度的评价结果形式

评价结果的这种从单维到二维，再从二维到多维的评价方式的转变，体现了辩证思路在可持续发展评价认识领域的逐渐加深，如果看舒适度评价，就会发现，多数舒适度评价都是一维的，如热舒适度，知道各种物理量，就可以计算出人是否寒冷的一个标准，但作为设计师，还需要知道保持温暖的消耗有多大，需要知道是否有其他方法，如不让人长时间暴露在室外，这就要求设计中的舒适度评价也从单维走向多维。

当然，结果形式采用多维表达，并不一定说明单维表达就不好，实际上单维地选择，甚至带有部分武断的取舍，在设计过程中是常常会遇到的。例如，选择一套理想的居所，虽然考虑的问题万千，最终还是只能选择一套房，在这种情况下，单维评价就具有高效率了。

2.3　评价标准的统一

2.3.1　评价标准统一的复杂性与意义

评价标准的统一既是困难的，又是重要的。以绿色建筑评价标准为例，世界各国绿色建筑评价的侧重点几乎是完全不一样的，例如，在美国满足了 LEED ND 白金标准的建筑，到了中国香港地区却未必能满足要求，因为香港用地非常拥挤，对噪音非常敏感，而美国住宅因为以小住宅为主，住宅之间大都天然有较好的隔音，也就不太需要在住宅开发单元设置噪声标准。实际上，一个全世界完全通行的舒适度标准是既不现实又没有必要的，因为几乎每个国家或地区都有独特的历史、文化、地域和人种本身的生理差异。

但是生产日益全球化，各国选用的产品可能并非在本国生产的，今天中国富士康总装的手机销往了世界各国，宜家家具也有不少是从瑞典船运过来的。这样，即使各国的标准不完全一样，应至少要求各国所采用的不同标准表达清晰、容易理解，以便其他国家的生产商便于提供符合标准的产品。

2.3.2　舒适度评价需要依据国际和国家标准

在舒适度评价领域，特别是在工程舒适度评价领域，存在一些国际标准。

例如，在热舒适度领域里，丹麦的 PMV 标准，被作为 ISO 7730 文件《舒适热环境条件——表明热舒适程度的 PMV 和 PPD 指标》而成为国际标准。

又如，在振动舒适度领域，有 ISO 2631《人体振动的评指标价》等，在评价中，有国际标准的，虽然这些标准可能相对陈旧，没有反映学科最新的发展和达成最准确的认识，但因为其流传广泛，方便相互比较，因而也应该考虑适当予以采用。

同样，在我国编制舒适度评价体系时，也需要去参考采用国家标准、行业和地方标准。我国标准制定的基本原则是厂标高于地标、行标，地标、行标则高于国标。

2.4　评价技术的进展

2.4.1　计算机数值模拟

数值模拟也叫计算机模拟。它主要是通过数值计算的方法，采用一些数学模型，将物理问题和工程，乃至气候、生态和社会现象等，都转化为计算数学问题来求解。随着计算能力随摩尔定律指数式地提高，以及各行各业对计算机软件需求的增加，促进了软硬件应用水平的不断繁荣。也促进了计算科学本身的发展，像广泛流传的"蝴蝶效应"等数学词汇，就诞生在天气预报数值模拟的应用环节。

今天，越来越多的问题能由计算机数值模拟来解决。在建筑类学科内，最先普及计算机模拟的，是光照时间的模拟。因为这个问题是个纯几何光学问题，计算机模拟与现实之间的差距很小，计算量也不大。计算机模拟结果已广泛作为旧城光照时间争议的法庭证据。随后，热工问题（如 Ecotect 采用"准入法"计算热工）、采光问题（如各种渲染器和亮度模拟器，大都采用 radiance 算法和 raytrace 算法）、风环境计算（如 Fluent 采用的 k-epsilon 涡流算法）等也都开始广泛地采用计算机模拟来求解完成。

2.4.2　计算机图形（CG）和虚拟现实（VR）技术的进步

计算机图形学诞生在盐湖城的犹他大学。应该说，计算机图形也是一种特殊的数值模拟技术。第一代计算机计算机图形艺术作品茶壶，今天仍延用在 3ds MAX 软件和 DirectX 里。法国剧作家安托南·阿尔托（Antonin Artaud）在他 1938 年的戏剧方面的论文里，第一次用了虚拟现实这个词汇。随后，VR 不温不火发展了几十年。今天，随着新一代 VR 硬件的大量发明和投产上市，如 Oculus Rift、Gear VR、Google Daydream & Cardbox，HTC Vive、Sony PlayStation VR 等，虚拟现实设备与应用，离普通人的生活正越来越近。

随着 Modelo 和一些虚拟现实应用的成功，使得虚拟现实在建筑行业的支持者也多起来，这就为评价中采用虚拟现实方法提供了可能性。视觉一直是传达信息量最大的知觉。采用虚拟现实评价，可以让使用者身临其境地感知未来环境。

2.4.3　在舒适度评价中采用模拟和虚拟现实技术的意义

在舒适度评价中采用模拟和虚拟现实技术，对建筑师来说，最重要的是意义在于，在实际修建之前，就能掌握所设计的事物的性能与表现。可以针对性做出及时调整，在实际建造之前找到引起舒适度降低的原因。而任何问题，如果能消灭在萌芽状态，就能够节约大量的时间、精力和金钱。从社会整体来看，减少了浪费，对可持续发展有积极的意义。

第 3 章　建筑室外环境舒适度评价系统的建立

本章首先根据设计师的实际需要，提出室外环境舒适度评价的评价体系制定时需考虑实现的几个目标，然后解释此评价体系的主要概念、总体目标、核心理念等，然后基于上述理论，提出一种独特的"四层式构造"评价模型方法，最后对模型各个组成部分进行描述并阐释其组织关系。

3.1　室外舒适性评价考虑达成的目标

室外环境舒适度的评价即为评价特定室外环境的环境单元的舒适度相关指标而建立起来的评价体系。该体系的构建，与常规的评价体系不一样。舒适度评价体系指标在构建时，希望达成的几个目标是：

（1）服务于设计师的评价体系

在绪论中，已经提出了综合的舒适度评价的意义，但是对不同行业的人来说，看待同一件事的方式与角度会不一样。例如生理学家看待综合的舒适度，天然地会用视觉、触觉、听觉等方面来条分缕析建构这套体系。但对于设计师来说，他们做的每件事都是综合的，例如选择地面的材质，它既与脚底触觉软硬的舒适度有关，也决定了地面的光泽与颜色等。每个设计上的决定都可能影响多方面的舒适性。本评价体系，可能还未采用最精确的评价方法，但仍然需要适当的精度来保证提高设计水平的作用。另外，本体系是考虑成本的体系，考虑成本是说，整个评价体系应遵循于经济原则，在评价舒适性的时候，不能忽略了对于实现这种舒适性的代价——可能是经济付出、生态付出或文化付出的代价。

（2）针对具体项目性能表现的评价体系

绿色建筑评价，其评价对象常常是针对项目的。但具体项目的一组性能表现，针对多个时段和不同分区的。此评价体系的很多物理量，在空间上和时间上各处于一定范围。一方面，针对时段和分区的评价有它的价值，例如，我们可以根据风环境的舒适区的空间范围，来确定该在何处安放室外餐桌椅；可以根据评价的舒适性的时间范围，来决定在哪些季节在室外安放这些座椅。而达到针对具体项目的"因地制宜"和"因时制宜"的效果。

室外环境的尺度有时很大，例如纽约中央公园，其尺度达到了 843 英亩（约 5000 多亩）。而有些室外环境，面积又比较小，如纽约泪珠公园，尺度只有 7300m²。但它们完全都可能成为设计师的日常设计内容，因而针对项目，可能需要采用不同的具体评价和模拟技术。

由于舒适度评价指标因子层次关系非常复杂，需要引入一定的数据处理方法。

（3）开放的、可维护、可扩展的评价体系

由于舒适度评价并不能一蹴而就，也不可能编制完成后就一成不变，因而此评价体系应可建设、可维护、可扩展，不仅体现在取值上，也体现在关系和结构方面。随着时代发展，舒适度标准可能会提高，外延可能会扩展，这都要求本评价体系有一定的扩展性，并保持"升级"的可能。

3.2 构建综合环境舒适度评价体系的几个主要概念

在开始构建本书的室外舒适度评价体系之前，首先有必要建立起几个概念，如室外环境综合舒适度 MC（multple-aspect outdoor environment comfort degree）、单项舒适度 SC（single aspect comfort degree）、舒适度改善值 CI（comfort improvement degree）、舒适度改善付出值 CP（payment of comfort）、舒适度改善与付出比 RIP（ratio of improvement and payment）、全评价与重点评价 OE & KE（overall evaluation and key evaluation）、室外环境对象 EP（outdoor environment project）、室外环境单元 EU（outdoor environment unit）等。在本章只对这些概念予以名词解释，在随后的章节，讨论其具体的取值。

3.2.1 综合舒适度 MC

本书的室外环境综合舒适度是一项从实际生理与心理含义出发的，虽然它的内涵非常丰富，但也并非是发散的或虚无的。例如我们来到两座园林，我们确实可以知道这两座园林对我们的印象，也会觉得其中一座园林比另一座还要更美好一些。而这种好感，其实已近于综合的室外环境舒适度的概念。人类是经过数百万年而从自然中进化来的生物，在长期与自然相处过程中，不仅逐渐实现了建立在个体第一类感觉（即视觉、听觉、嗅觉、味觉、触觉）和第二类感觉基础上的一种对环境的综合感知，而且懂得通过观察他人的处境，阅读文字记载，间接判断形势，趋利避害。舒适度区间，首先是必定是位于适于人类生存的环境的利于人类个体和种族兴旺发达的一个范围。

我们对不舒适的感觉或许更明显——如果我们跳进冷水里，我们会因为触觉而感到寒冷，而这是因为冷水会带走我们身体的热量，让我们感到有迫近的生存的危险。站在悬崖边，从视觉开始，而引发一种类似于头痛眩晕的感觉，它如电流般穿过我们身体，让心跳加快。通常，人长期处于不舒适的状态，会大大增加精力的消耗，使人难以集中到正常的学习、生活和工作中去。即使过了较长的时间，人对待该项环境的适应能力逐渐提高，但即使适应之后，也不能完全排除这些因素对健康的影响。

而舒适的环境，却让我们忘记它的存在，如同一幅美丽图画的背景，反而能让我们更加专心于手上的工作和其他活动。多种不同类型的舒适度常常涉及许多确实有可能能等效的因素，例如，可以采用脑电图或皮肤电测量。舒适的程度，也可以采用能专心工作的时间来间接地测量。

医生已可采用脑电波来衡量人的精神状态。舒适的环境让脑电波变得更加舒缓，不舒适的环境会引发人心理上的紧张感。与智能手机相连的无线蓝牙手环可以为测量人的生理状态提供更方便快捷的手段。未来可能也能用于测量人感受到的环境的舒适程度。

不同的人群，舒适度的区间范围不一样，例如老年人和病人对寒冷的耐受力要低一些，稍微降低温度，老年人就会先感觉到不舒适。人的机能的不同，可能也会导致对舒适度的感触不同。例如，有一部分人群对花粉过敏，也许会在大多数人感觉心旷神怡的花园里，非常窘迫不舒适。这种因人而异的情况，也应该考虑到舒适度的测量中去。

随着人类文明的进步，人创造了丰盛的精神文明，文明对环境有一种投射作用。例如，空间的图案、纹理、特别是更深层的空间组织关系，为空间蒙上一层民族性的成分。可以想象，远在异国他乡，如果现代建筑有明清式样的抱厦，或采用庭院式的组织格局，也能勾起某种思乡的情愫，或增进海外游子的安全感。也就是说，心理因素也会融入对环境的感知中。

另外，人在创造环境时，可采用某种技巧，如将周围涂刷成冷色，虽然实际温度并未降低，也没有改善通风或湿度，但人竟会觉得更加凉爽。

在这里，对室外环境综合舒适度下个定义，即等效于环境影响人的某种生理与心理，能促成人更无负担和干扰地从事体力和智力活动的影响程度的高低。

3.2.2　分项舒适度 SC

单项舒适度，常常与特定的物理量与物理过程有关系，但又不尽然。例如：声环境舒适度。它既与物理声强有关系，但人耳对不同频率声音的感知能力不同，例如人耳的听声范围只有 20 ~ 20kHz。这就使得声强与物理声强并不一样。

而且声音还分噪声与乐声，噪声和乐声虽然可以以旋律进行划分，但也与人的目标有关。例如，成都公园的大妈在分贝计的大幅面 LED 前，用 75dB 声音播放广场舞配乐。对于讨厌广场舞这项运动的人来说，这声音实在是太吵了，但大妈们却反而陶醉于音乐并乐在其中。而当大妈自己需要休息时，她们自己也会觉得很吵。同样的声音，也许对有人是噪声，对有人是乐声。这种因素，同样需要在单项舒适度里予以考虑。

综合这些因素，能反映人对特定方面的舒适度的高低的测度，为单项舒适度，单项舒适度又可细分为：SC01 光环境舒适度、SC02 风环境舒适度、SC03 热环境舒适度、SC04 声环境舒适度、SC05 合生舒适度、SC06 洁净舒适度、SC07 触感、质感舒适度、SC08 公共服务与市政设施舒适度、SC09 秩序感与文脉协调性舒适度。

因为对单项舒适度的研究，早于综合舒适度，不同的单项舒适度常常具有有特定物理含义，如热环境舒适度，其实衡量结果是热、合适、冷。而并非简单的热舒适或热不舒适。

3.2.3　舒适度改善 CI

在室外环境中，人们常常用各种方法来优化舒适度，例如在临近有噪声的地方，我们将产生噪声的道路用隔噪声墙壁遮挡起来，这样就带来了舒适度的改善，对距离隔声壁不同的远近的地点来说，这种改善是不同的，既因为声音传播的衍射，又因为在空气中传播时，声音的衰减。对于离屏障比较近的地方，无疑噪声还是较大，但改善更为显著。这种改善，加以量化，就是舒适度的改善值。

舒适度改善值也可以是负数，例如只在铁路的其中一侧修建防噪声壁，此侧的噪声就有了下降，这一侧的舒适度改善值为正数。但另一侧，由于防噪声壁本身会反射声波，导致没有防噪声壁的一侧，噪声反而是增加的，也就是舒适度的负改善（退步）。

舒适度的改善值，可为进一步计算其经济效应、社会效益、生态效益提供相关依据。

3.2.4　舒适度成本 CP

在上面的例子中，花在建设防噪声屏障上的成本，即为舒适度的付出值的一部分。舒适度的成本付出是多方面的，既有经济方面的付出（经济方面的付出，有全生命周期和非全生命周期的区别），又有生态方面的付出，还有社会意义的付出。

3.2.5　舒适度改善付出比 RIP

舒适度的改善与实现这种舒适度的成本之间的比值，为舒适度的改善付出比，对特定项目来说，舒适度的改善付出比越高，无疑证明该项目的设计较为成熟、优越。

3.2.6　全评价与重点评价 OE & KE

全评价与重点评价，是本舒适度评价体系设定的两个阶段。

全评价，或称"整体快速评价"，是以较简单的检查表进行的，目的是迅速找到需要进行重点评价的环节。全评价以评价方案设计阶段为主，不过为了反映客观性，可以将现有的建成项目作为参考值来使用，是广而浅的评价方式。时间虽然短，但可以大概指出问题所在，如果需要精确定量，就进入第二阶段重点评价。

重点评价，则综合采用较为复杂的检查表，并结合数值模拟、虚拟现实等技术。对关键性问题，给出精确的定量解答，甚至给出成本 - 舒适度函数曲线等。

也许有读者会问，能否对所有的单项舒适度都采用重点评价？为何一定要分两个阶段呢？

这是因为，不同项目可能舒适度关注的焦点是不同的，以一所乡间小学的操场和一所市内繁华地带的小学操场打比方，前者在声环境方面具有天然的优势，本身噪声就比较低，由于学生人数少，操场与教室之间也不太需要做出特殊的隔声处理。但它有别的不足，例如它可能正好处于大山的风口之处，风很大，冬天很冷，容易积雪，会影响学生从事羽毛球等室外体育活动。而市区繁华地段的小学，可能本身交通噪声就很大，学生多，操场拥挤，出操的噪声容易影响安静上课的学生，但市区海拔低，风本身很温和，又不临近于易产生涡流的高层建筑。那么乡间小学操场评价的焦点在于风环境，热环境。而市区小学操场舒适度的评价，则主要关注声环境。于是，二者的整体快速评价是类似的，而二者的重点评价就各有侧重了。

全评价和重点评价，也好像医生诊断病情，先是采用望闻问切一类经验方法，类似于"全评价"，然后在关键点上，采用抽血化验、MRI、CT 或 PET 扫描、内窥镜、甚至基因诊断等，在结果越来越精确的同时，消耗的成本也越来越高。如果医院不经过经验和常规诊断，就给所有的病人开出 CT 检查，那么无疑是非常浪费和不切实际的——这也就是本评价方法采用两阶段评价法的原因。

3.2.7　室外环境评价项目 EP

室外环境评价项目是评价的对象，从几何说，是无垠的室外环境在空间上的一个子集部分，它的形状由研究的需要来制定。室外环境评价项目一般分为两个阶段：对设计条件的评价（本底评价）、对设计的评价（设计评价），有的项目比较特殊，时间周期比较长，则可进行类似项目的参考性的评价（参照评价）和项目实际建成完成后的评价（建成评价）。建成评价的时间跨度非常大，因为首先需要项目的建成，然后有些景观项目里还包括主要植被的生长成形，风、热、光舒适度需要特定时间，如热舒适度需要冬夏两季较为极端天气，以及春或秋温和天气，光照时间需要大寒日或冬至日测量，因而建成评价实际上很难开展，即使开展，也未必能完全评价。所以，通常的评价只包括本底评价和设计评价两个阶段。

3.2.8　室外环境评价单元 EU

室外环境单元，是针对 EP 的细分，它的形状可以由研究的需要来制定。从平面二维投影来看，它可以是一个完整的凸形，也可能是一个矩形或六边形单元格。单元格的尺度，是由研究精度与现实条件共同确定的。许多评价单元可一起共同构成一个二维的评价单元矩阵。

3.3 室外环境舒适度评价流程的设立

以一个设计项目为例，一般舒适度的评价流程经过说明情况、基底全评价、确定重点项目、重点类目的重点评价、总结建议五个阶段，用文字解释如下：

1. 第一步，说明情况

对项目本身所处的基地环境进行了解，用文字说明基地本身的特点，并采用一些图表，如焓湿图（或生物气候图）、风参数图、平面图等，说明与舒适度有关的一些情况，并在图上确定评价项目 EP 和评价单元 EU。

2. 第二步，基底全评价

对设计本底情况进行舒适度分项评价，得到"全评价阶段（OE-stage）"项目本底的分项舒适度，用加了下角标 b（base）的符号 SC**$_b$ 来表示。各类不同的舒适度，可采用不同的舒适度编号，如光环境分项舒适度用 SC01$_b$ 来表示。在进行完所有的舒适度分项评价后，将这些舒适度情况评分后分类绘制在综合舒适度图表上，得到本底综合舒适度评分表 MC$_{base}$。

3. 第三步，确定重点评价项目

对本底综合舒适度评分表 MC$_{base}$ 进行研究，找到最薄弱的环节，或找到需要专门进行研究的环节，如果这个设计项目最主要的问题在噪声方面，次要的问题在夏季热环境过热方面，其他方面问题比较小，那么重点就在评价噪声和热环境方面。如此就得到一个需要在重点评价中深入研究的"重点类目"。

4. 第四步，重点类目的重点评价

对重点类目按需采用虚拟现实 VR（virtual reality）、数值模拟（simulation）、网络问卷等方法，对重点类目进行评价，得到特定手法或手法组合加以实施后的分项设计舒适度，用加了下角标 d（design）的符号 SC**$_d$ 来表示，如果有不同的设计策略和方法，就可采用 SC**$_{d1}$、SC**$_{d2}$ 等等来表示，在此基础上，与本底舒适度相比较，结合计算，确定舒适度改善值 CI、舒适度付出值 CP，舒适度改善与付出比 RIP 等等。

5. 第五步，总结建议

对前面的全评价、重点评价进行总结，提出可进一步改善舒适度的注意事项，如为了提高某方面的舒适度，投资方需要追加投资于哪些方面。又如，本项目哪些地方超过了基准水平，投资、运营方可以在哪些方面予以大力宣传等等。

第 4 章　室外环境舒适度的分项研究

前文已对室外环境舒适度各相关定义和室外环境舒适度的评价相关概念和流程做了阐述，这一章拟通过文献研究、调研与测量，对室外环境舒适度的意义、模拟途径、评价标准、改善方法等进行研究。

在本评价体系中，室外环境舒适度分为 9 个单项，它们分别是 SC01 光环境舒适度、SC02 风环境舒适度、SC03 热环境舒适度、SC04 声环境舒适度、SC05 合生舒适度、SC06 洁净舒适度、SC07 触感、质感舒适度、SC08 公共服务与市政设施舒适度、SC09 秩序感与文脉协调性舒适度，下文对各分项室外舒适度分别展开描述。

值得一说的是，虽然可以将舒适度分为各个分项，但它们彼此之间实际效果是耦合的，如光不仅本身是辐射传热的来源，而且暖光照明也会使人感觉上更加温暖；又如风环境舒适度里的风冷效果，又属于热舒适度的一个方面。将重叠部分划归其中之一，必不可少地做出了部分取舍。

4.1　光环境舒适度 SC01

4.1.1　光环境舒适度的意义

柯布西耶曾说，建筑是体量在阳光下宏伟、壮丽的一出戏。路易斯·康则更动情地说，建筑是消逝了的光。光，就其物理学本质来说，是以电磁波形式传播的能量：在昼间，照亮室外环境的光，主要是直射与散射的太阳光；在夜间，仍有光线，除了少量星光，主要是由电或燃料所支持的人工照明。室外光环境，既包含自然光，又包含人工光。

阳光对于室外环境的益处很多，主要体现在：

1. 提供照明，作为人类视觉的基础。信息科学家预测，视觉信息在人的五觉中信息量占 80% 左右。

2. 提供热量与植物生长的能量，一年中太阳照射到地球上的能量总额，换算为热量约为 1.3×10^{24}cal，阳光加热空气，作为植物光合作用的能量源泉，对生物圈的兴旺发达起着基础性的作用。其中，阳光对热舒适度的作用，还将在本书热环境舒适度里进一步阐述。

3. 消毒杀菌，阳光中的紫外线杀灭病菌，生物学家发现，在强烈的阳光下，结核病菌存活的时间不超过 0.5s。人们日常生活经验中，也常常将被褥拿到室外去晾晒，以利于健康。

4. 对人类生理和心理有重要作用，人体通过获取阳光中的紫外线来制造维生素 D3，可以防止骨质疏松，这一点对老年人有很大的意义，所以老年人居住规范中对日照时间的要求更加严格。阳光对心理作用也很强烈，春夏季节，抑郁症发病率低；秋冬季节，抑郁症发病率高，1984 年 Rosenthal 提出并描述了季节性情感障碍这一精神疾病。Hansen 等曾对北极圈北纬 69° 地区的群体进行了调查，调查了 7759 人，结果发现成年男性发病率为 14%，而女性为 19%。Terman 等报道健康群体在冬季或阴雨天气情绪受到影响的达 26%，而抑郁症病人则更显示出季节性，高达 38% 的抑郁症病人在秋冬季出现抑郁发作，且此类病人对光疗效果好[22]。中世纪由于建筑和军事技术的限制，人们的生活空间常常是晦暗的；在工业化早期，由于工业飘尘，常常光照不足，这也是在工业化早期，特别是在英国，婴儿死亡率居高不下的一个原因。所以第一批现代主义大师将"阳光、空气、绿色"作为职业追求目标的口号提出，而阳光又位于口号之首。在高纬度的城市，如温哥华，人们对阳光如此珍视，以至于玻璃幕墙的比例很高，使得温哥华几乎成为一个"亮晶晶"的"玻璃之城"。这样做，虽然是不利于节能的，但又从另一个侧面反映出人们为对阳光的渴望与需求。

阳光对于室外环境的危害也有一些，主要是：

1. 紫外线在杀菌同时，会晒黑皮肤，增加白内障的可能性，甚至增加皮肤疾病（如皮肤癌）的发病概率，加快建筑构件的老化速度，特别是在臭氧层空洞引起的紫外线增加的前提下。

2. 由直射阳光及玻璃幕墙建筑反光所引起的眩光，可能影响视觉舒适，干扰交通安全，影响体育运动员的发挥，由强烈阳光所引起的阴影区与照亮区之间亮度差距过大，影响体育比赛的转播。

室外人工照明的益处在于：

1. 功能性照明，保证安全，延长人的工作和活动时间。一方面，照亮道路，保证交通安全，延长人的工作和娱乐时间，使人享受更多姿多彩的生活；一方面，足够的照明让人能辨别人脸，预防犯罪。

2. 装饰性照明，可起到烘托节日气氛、衬托建筑物形态，甚至传达广告信息的作用。

室外人工照明的危害在于：

1. 眩光：设计不好的人工照明，产生眩光，引起视觉疲劳，甚至因为淹没其他光源而产生危险。

2. 光污染：亮如白昼的路灯，绚烂多彩的霓虹灯，直冲云霄的激光照明等过度的人工照明，导致光污染，使得黑夜背景不纯净，使人无法观看到星星和银河，昆虫、鸟类、落叶植物的生理活动受到复杂的影响。国际照明学会（CIE）是国际照明界的权威学术组织。CIE 自成立以来，到目前为止先后已组织出版了百余个技术文件。这些技术文件中有10 个和夜景照明有关，我国大多数照明技术标准都会参照 CIE 文件。目前，CIE TC5—12 正在编写"室外照明干扰光的限制"技术报告，CIE TC5—4 正在编写"室外照明系统的维护和管理"技术报告。1988 年美国亚利桑那州成立了国际暗天空协会（IDA），现在已发展成全球性的组织，近年来在多个国家和地区建立暗天空公园，教育人们正确认识高品质夜间照明，以此来有效制止光污染 [23]。

3. 人工光不能完全代替自然光。美国太平洋煤气和电力公司针对商业和教学科研人员的工作效率研究表明，在良好自然采光环境中，人的工作效率和考试成绩大约提高了10% ~ 20%[24]。

4.1.2　常见的与光与视觉舒适度有关的指标与相关规范

如前所述，光环境与人的舒适度在很多方面有联系，光照过强或不足，都是不可取的。目前已有不少与光舒适度有关的指标，在《城市居住区规划设计规范》GB 50180 —93（2002年版）、《城市夜景照明设计规范》JGJ/T 163—2008 和《室外作业场地照明设计标准》GB 50582—2010 等规范中，有相关的规定、条文，详述如下：

1. 日照时数

日照时数一般是指冬至或大寒日，全天一定时段内累计接受阳光的累计小时数。供人活动的室外空间应该保证一定的日照时间，否则就会阴冷潮湿。

我国《城市居住区规划设计规范 》GB 50180 —93（2002 年版）不仅对居住区室内的满窗日照时数做了规定，也对公共绿地的室外日照时间做出了一些要求，见表4-1。例如，组团绿地的设置应满足有不少于 1/3 的绿地面积在标准的建筑日照阴影线范围之外。

城市居住区规划设计规范对绿地保证日照时数的面积规定　　　　　　表 4-1

封闭型绿地		开敞型绿地	
南侧多层楼	南侧高层楼	南侧多层楼	南侧高层楼
$L \geqslant 1.5L_2$	$L \geqslant 1.5L_2$	$L \geqslant 1.5L_2$	$L \geqslant 1.5L_2$
$L \geqslant 30m$	$L \geqslant 50m$	$L \geqslant 30m$	$L \geqslant 50m$
$S_1 \geqslant 800m^2$	$S_1 \geqslant 1800m^2$	$S_1 \geqslant 500m^2$	$S_1 \geqslant 1200m^2$
$S_2 \geqslant 1000m^2$	$S_2 \geqslant 2000m^2$	$S_2 \geqslant 600m^2$	$S_2 \geqslant 1400m^2$

注：1. L——南北两楼正面间距（m）；

　　L_2——当地住宅的标准日照间距（m）；

　　S_1——北侧为多层楼的组团绿地面积（m²）；

　　S_2——北侧为高层楼的组团绿地面积（m²）。

2. 开敞型院落式组团绿地应符合本规范附录 A 第 A.0.4 条规定。

图表来源：城市居住区规划设计规范 [S]. GB 50180 —93（2002 年版），原表 7.0.4-2。

2. 照度、照度均匀性

照度与辐射度，都与照射到某个表面的光线强弱有关系，但其具体的度量方法不一样。简而言之，照度针对人眼对波长的感知能力做了调整，反映了能引起人的视觉的光线的强弱。表面上一点的照度是入射在包含该点面元上的光通量 $d\phi$ 除以该面元面积 dA 之商，即 $E=d\phi/dA$，符号为 E，单位为 lx（勒克斯），$1lx=1lm/m^2$。对于夜间照明来说，必须保证一定的照度，还要保证一定的均匀性。

在《室外作业场地照明设计标准》GB 50582—2010 中，对机场、铁路站场、港口码头、造（修）船厂、石油化工工厂、加油站、发电厂、发电站、动力及热力工厂、建筑工地、停车场、供水和污水处理厂等存在夜间视觉作业的室外环境的照度做了规定，如站前广场和铁路道口、水平照度应高于 10lx，照度均匀性高于 0.25；发电厂厂区主要道路地面水平照度不小于 10lx，厂区次要道路不小于 5lx；建筑工地施工作业区，地面水平照度不小于 50lx，室外停车场依据所停放车辆的数量，从 5 ~ 30lx 不等。

在《城市夜景照明设计规范》JGJ/T 163—2008 中，本着暗天空保护与夜景建筑艺术的双重需要，对主要建筑表面的照度和亮度做了规定，如表 4-2 所示。

不同城市规模及环境区域建筑物泛光照明的照度和亮度标准值　　　　表 4-2

建筑物饰面材料		城市规模	平均亮度（cd/m²）				平均照度（lx）			
名称	反射比 ρ		E1 区	E2 区	E3 区	E4 区	E1 区	E2 区	E3 区	E4 区
白色外墙涂料，乳白色外墙釉面砖，浅冷、暖色外墙涂料，白色大理石等	0.6 ~ 0.8	大	—	5	10	25	—	30	50	150
		中	—	4	8	20	—	20	30	100
		小	—	3	6	15	—	15	20	75
银色或灰绿色铝塑板、浅色大理石、白色石材、浅色瓷砖、灰色或土黄色釉面砖、中等浅色涂料、铝塑板等	0.3 ~ 0.6	大	—	5	10	25	—	50	75	200
		中	—	4	8	20	—	30	50	150
		小	—	3	6	15	—	20	30	100
深色天然花岗石、大理石、瓷砖、混凝土，褐色、暗红色釉面砖、人造花岗石、普通砖等	0.2 ~ 0.3	大	—	5	10	25	—	75	150	300
		中	—	4	8	20	—	50	100	250
		小	—	3	6	15	—	30	75	200

注：1. 城市规模及环境区域（E1 ~ E4 区）的划分可按本规范附录 A 进行；

　　2. 为保护 E1 区（天然暗环境区）生态环境，建筑例立面不应设置夜景照明。

图表来源：城市夜景照明设计规范 [S]. JGJ/T 163—2008，原表 5.1.2。

其中，E1 ～ E4 区的划分，是根据 CIE 出版物《限制室外照明设施的干扰光影响指南》No.150（2003）的第 2.7.4 节关于环境区域的定义和划分确定的。

该标准并对城市主要空间的水平照度做出了规定，如表 4-3、表 4-4 所示。

广场绿地、人行道、公共活动区和主要出入口的照度标准值　　　　表 4-3

照明场所	绿地	人行道	公共活动的区				主要出入口
			市政广场	交通广场	商业广场	其他广场	
水平照度（lx）	≤ 3	5 ～ 10	15 ～ 25	10 ～ 20	10 ～ 20	5 ～ 10	20 ～ 30

注：1. 人行道的最小水平照度为 2 ～ 5lx；
　　2. 人行道的最小半柱面照度为 2lx。
图表来源：城市夜景照明设计规范 [S]. JGJ/T 163—2008，原表 5.1.4。

公园公共活动区域的照度标准值　　　　表 4-4

区域	最小平均水平照度 $E_{h. min}$（lx）	最小半柱面照度 $E_{sc. min}$（lx）
人行道、非机动车道	2	2
庭园、平台	5	3
儿童游戏场地	10	4

注：半柱面照度的计算与测量可按本规范附录 B 进行。
图表来源：城市夜景照明设计规范 [S]. JGJ/T 163—2008，原表 5.1.4。

公园内观赏性绿地照明的最低照度不宜低于 2 lx。

3. 紫外线强度

紫外线辐射是指波长在 100 ～ 400nm 的太阳辐射，按照其波长的不同，可划分为 UV-A（315 ～ 400nm）、UV-B（280 ～ 315nm）和 UV-C（100 ～ 280nm）3 个波段。UV-A 的生物作用较弱，主要是色素沉着作用；UV-B 对人体影响较大，主要是抗佝偻症和红斑作用，是引起皮肤癌、白内障、免疫系统能力下降的主要原因之一；而 UV-C 则几乎被臭氧层吸收而不能到达地面。近年来，由于人类活动的影响，平流层臭氧遭到日趋严重的破坏，直接导致到达地面的太阳紫外辐射增加，引起的人们的普遍关注 [25]。

紫外线指数也称为"UVI"指数，是衡量某地正午前后到达地面的太阳辐射中的紫外线辐射对人体的皮肤、眼睛等组织和器官可能损伤程度的指标。按照国际上通用的方法，紫外线指数一般用 0 ～ 15 的数字来表示。通常规定，夜间的紫外线指数为 0，在热带、高原地区，晴天无云时的紫外线指数为 15。紫外线指数值越大，表示紫外线辐射对人体皮肤的红斑损伤程度愈加剧，同样紫外线指数越大，也表示在愈短的时间里对皮肤的伤害程度愈强 [26]。

中国气象局中气预发 [2000]11 号《紫外线指数预报业务服务暂行规定》一文中，对紫外线指数、强度、级别、对人体可能影响和需采取的防护措施等进行了规范（表 4-5）。在此表中，紫外线辐射强度和指数的换算是采用分段线性的方法。

《紫外线指数预报业务服务暂行规定》规范中的紫外线强度分级　　　　　　　　表 4-5

级别	到达地面的紫外线（280 ~ 400nm）辐射强度 /W/m²	紫外线指数	紫外线照射强度	对人体可能影响（皮肤晒红时间）/min	需要采取的防护措施
1 级	< 5	0，1，2	最弱	100 ~ 180	不需要采取防护措施
2 级	5 ~ 10	3，4	弱	60 ~ 100	可以适当采取一些防护措施，如：涂擦防护霜等
3 级	10 ~ 15	5，6	中等	30 ~ 60	外出时戴好遮阳帽、太阳镜和太阳伞等，涂擦 SPF 指数大于 15 的防晒霜
4 级	15 ~ 30	7，8，9	强	20 ~ 40	除上述防护措施外，10-16 时避免外出，或尽可能在遮荫处
5 级	≥ 30	10 和大于 10	很强	小于 20	尽可能不在室外活动，必须外出时，要采取各种有效的防护措施

图表来源：中国气象局 . 紫外线指数预报业务服务暂行规定 [S]. 中气预发 [2000]11 号。

4. 眩光

国际照明委员会（CIE）编辑的《国际照明工程词汇》中对于眩光作了以下的定义："眩光是一种视觉条件。这种条件的形成是由于亮度分布不适当，或亮度变化的幅度太大，或空间、时间上存在着极端的对比，以致引起不舒适或降低观察重要物体的能力，或同时产生这两种现象"。

眩光值（GR）是度量室外体育场和其他室外场地照明装置对人眼引起不舒适感主观反应的心理参量，其值可按 CIE 眩光值公式计算。

对于不同的观测位置和不同的观测方向来说，同一个照明区域的眩光程度或许是不相同的。根据 CIE 技术报告 NO.112-1994，对于一个给定的观察位置和给定的观察方向（位于眼睛水平位置以下）眩光程度取决于光源产生的等效光幕亮度（L_{v1}）和观察者前面的环境产生的等效光幕亮度（L_{ve}），它们之间的关系可以描述为：

$$GR=27+24\lg \left(L_{v1}/L_{ve}^{0.9} \right)$$

GR 代表"眩光等级"，GR 值越低，眩光限制越好。我国《室外运动和区域照明的眩光评价》GB/Z 26214—2010 对眩光值做了如下规定（表 4-6）：

《室外运动和区域照明的眩光评价》规范规定的眩光值（GR）   表 4-6

应用类型		GRmax（最大眩光等级）
照明用途		
安全与保障	低风险	55
	中等风险	50
	高风险	45
运动与安全	仅步行	55
	缓慢行驶的交通	50
	正常交通	45
工作 *	很粗糙	55
	中等粗糙	50
	精细	45

* 为了保证重要工作场所达到更好的视觉效果，需要低于 GRmax（最大眩光等级）5 个单位来考核。

图表来源：室外运动和区域照明的眩光评价 [S]. GB/Z 26214—2010。

　　自然采光也可能在室外产生眩光，特别是玻璃幕墙反光也可能反射低角度太阳光。自然光采光的眩光问题不能简单套用 GR 进行求解。而且室外自然光下，人的活动与视角也比较复杂。

　　5. 暗空保护与光污染限制

　　《城市夜景照明设计规范》JGJ/T 163—2008 规定，除有特殊要求的建筑物外，使用泛光照明时不宜采用大面积投光将被照面均匀照亮的方式；对玻璃幕墙建筑和表面材料反射比低于 0.2 的建筑，不应选用泛光照明。

　　《室外作业场地照明设计标准》GB 50582—2010 规定，照明设施产生的光线应控制在被照区域内，溢散光不应大于 15%。

　　灯具的上射光通量比最大允许值不应大于低亮度区（如住宅区、乡镇工业区）5%、中亮度区（如乡镇、城市近郊工业区）不大于 15%，高亮度区（如城市中心区、商业区）不大于 25%。

　　很多天文学家推荐室外夜间照明使用低压钠蒸汽灯，这是因为其单波长的特性使其释出的光线极易隔滤，而且价格不高。在 1980 年，美国加利福尼亚州圣荷西将所有街灯均改为使用低压钠蒸汽灯，这大大方便了其附近的利克天文台的观星活动。但使用低压钠蒸汽灯的固定照明系统会较其他的体积为大，颜色亦不能分辨，这是因为低压钠蒸汽灯所释出的为单波长的光线，此外还与黄色的交通灯光线发生冲突。因此，很多政府部门均使用更容易控制的高压钠蒸汽灯来作为街灯提供照明。

　　在《城市夜景照明设计规范》JGJ/T 163—2008 中，也对夜景照明照度做了一定限制，防止光污染及能源浪费，如表 4-7 ~ 表 4-12 所示。

不同环境区域、不同面积的广告与标识照明的平均亮度最大允许值（cd/m²）　　表 4-7

广告与标识照明面积（m²）	环境区域			
	E1	E2	E3	E4
$S \leq 0.5$	50	400	800	1000
$0.5 < S \leq 2$	40	300	600	800
$2 < S \leq 10$	30	250	450	600
$S > 10$	—	150	300	400

注：环境区域（E1 ~ E4 区）的划分可按本规范附录 A 进行。

图表来源：城市夜景照明设计规范 [S]. JGJ/T 163—2008，原表 5.6.2。

居住建筑窗户外表面产生的垂直面照度最大允许值　　表 4-8

照明技术参数	应用条件	环境区域			
		E1 区	E2 区	E3 区	E4 区
垂直面	熄灯时段前	2	5	10	25
照度（E_v）(lx)	熄灯时段	0	1	2	5

注：1. 考虑对公共（道路）照明灯具会产生影响，E1 区熄灯时段的垂直面照度最大允许值可提高到 1lx；

　　2. 环境区域（E1 ~ E4 区）的划分可按本规范附录 A 进行。

图表来源：城市夜景照明设计规范 [S]. JGJ/T 163—2008，原表 7.0.2-1。

夜景照明灯具朝居室方向的发光强度的最大允许值　　表 4-9

照明技术参数	应用条件	环境区域			
		E1 区	E2 区	E3 区	E4 区
灯具发光强度	熄灯时段前	2500	7500	10000	25000
I（cd）	熄灯时段	0	500	1000	2500

注：1. 要限制每个能持续看到的灯具，但对于瞬时或短时间看到的灯具不在此例；

　　2. 如果看到光源是闪动的，其发光强度应降低一半；

　　3. 如果是公共（道路）照明灯具，E1 区熄灯时段灯具发光强度最大允许值可提高到 500cd；

　　4. 环境区域（E1 ~ E4 区）的划分可按本规范附录 A 进行。

图表来源：城市夜景照明设计规范 [S]. JGJ/T 163—2008，原表 7.0.2-2。

居住区和步行区夜景照明灯具的眩光限制值　　表 4-10

安装高度（m）	L 与 $A^{0.5}$ 的乘积
$H \leq 4.5$	$LA^{0.5} \leq 4000$
$4.5 < H \leq 6$	$LA^{0.5} \leq 5500$
$H > 6$	$LA^{0.5} \leq 7000$

注：1. L 为灯具在与向下垂线成 85° 和 90° 方向间的最大平均亮度（cd/m²）；

　　2. A 为灯具在与向下垂线成 90° 方向的所有出光面积（m²）。

图表来源：城市夜景照明设计规范 [S]. JGJ/T 163—2008，原表 7.0.2-3。

灯具的上射光通比的最大允许值 表 4-11

照明技术参数	应用条件	环境区域			
		E1 区	E2 区	E3 区	E4 区
上射光通比	灯具所处位置水平面以上的光通量与灯具总光通量之比（%）	0	5	15	25

图表来源：城市夜景照明设计规范 [S]. JGJ/T 163—2008，原表 7.0.2-4。

建筑立面和标识面产生的平均亮度最大允许值 表 4-12

照明技术参数	应用条件	环境区域			
		E1 区	E2 区	E3 区	E4 区
建筑立面亮度 L_b（cd/m^2）	被照面平均亮度	0	5	10	25
标识亮度 L_s（cd/m^2）	外投光标识被照面平均亮度；对自发光广告标识，指发光面的平均亮度	50	400	800	1000

注：1. 若被照面为漫反射面，建筑立面亮度可根据被照面的照度 E 和反射比 ρ，按 $L=E\rho/\pi$ 式计算出亮度 L_b 或 L_s。

2. 标识亮度 L_s 值不适用于交通信号标识。

3. 闪烁、循环组合的发光标识，在 E1 区和 E2 区里不应采用，在所有环境区域这类标识均不应靠近住宅的窗户设置。

图表来源：城市夜景照明设计规范 [S]. JGJ/T 163—2008，原表 7.0.2-5。

4.1.3 光环境的计算机模拟

得益于计算机图形学的发展，今天许多光环境的控制指标，都可以采用软件进行模拟。这些软件所采用的算法，大致包括几何光学、光线跟踪和光能传递三种。在计算机计算普及之前，人们也常用手工作图法计算居住区日照时长。第一个实用的光线跟踪算法是 Turner Whitted 在 1980 年提出的。第一个光能传递算法，是康奈尔大学的 Cindy Goral 在 1984 年提出的。今天人们不仅可以用 CPU 计算日照时长，也可以用 GPU 辅助计算，通过并行处理，效率大大提高。

光与视觉有着非常直接的联系，许多场合的光环境舒适度问题，有赖于更好的，接近于真实的模拟程序，如走动中的行人的眩光问题等，这就需要 VR 的参与。

目前软件已经能对日照时间、表面照度、亮度进行模拟。

下面列举了常见的可用于计算光环境舒适度的，计算机模拟软件的名称和功能，如表 4-13 所示。

各类与光环境舒适度有关的软件名称与功能 表 4-13

软件名称	开发者、开发公司	软件功能	说明
日照精灵	Powermedia	计算日照时数	SketchUP 的插件，操作简单，分析速度快
天正日照	天正公司	计算日照满足情况	分析方法满足国家和地方相关的规范

续表

软件名称	开发者、开发公司	软件功能	说明
清华日照	清华大学	全面的日照分析，预测规划地段的极限容积率	原创多种日照分析手段
SketchUp 日照大师	清华大学	快速进行日照分析，验算日照	SketchUP 的插件，使用简单，算法快速
Radiance	LBNL（劳伦斯伯克利国家实验室）	模拟复杂场景中的各种采光和照明情况	性能出色，以其为核心，二次开发了众多软件
Desktop Radiance	LBNL（劳伦斯伯克利国家实验室）、太平洋能源中心以及美国 Marinsoft 公司合作开发	模拟各种条件下的自然采光和人工照明	是 Radiance 在 Windows 操作系统下的轻量级衍生版本
Ecotect	美国 Autodesk 公司	对建筑进行综合采光评价，计算标准的采光系数	支持 Radiance，可对各种复杂条件下的光环境进行精确分析
Dialux	德国 DIAL 公司	进行灯光照明计算	最具功效的照明计算软件，它能满足目前所有照明设计及计算的要求
AGi32	美国 Lighting Analysts 公司	模拟从简单住宅到复杂大型场馆等一系列不同类型的建筑场景	基于光能传递技术的模拟软件
Daysim	加拿大国家研究委员会和德国弗劳恩霍夫太阳能系统研究所共同开发	模拟建筑在全年采光性能以及相关的照明能耗	基于 Radiance 内核的动态光环境模拟软件
IES < VE >	英国 Integrated Environmental Solutions 公司	模拟分析各种建筑性能，提供静态光环境模拟，还提供了动态综合能耗模拟	模块化思想，适用于工程实践
DOE2 和 EnergyPlus	DOE（美国能源部）和 LBNL（劳伦斯·伯克利国家实验室）共同开发	对建筑的采暖、制冷、照明、通风以及其他能源消耗进行全面能耗模拟分析和经济分析	EnergyPlus 在软件 BLAST 和 DOE-2 基础上进行开发

4.1.4 提高光环境舒适度的方法

提高场地光环境舒适度的方法主要包括下列：

（1）通过日照模拟分析，确定绿地的位置，根据日照条件，布置景观植物。

（2）确保住宅之间的合理间距，保证住宅居室以及社区公共活动区域获得充足的日照。

（3）室外公共照明宜采用绿色照明，公共照明要选用节能灯和低照度分散照明（用于车库）系统。

（4）内宜采用反光指标牌，反光道钉，反光门牌等建立区内道路识别系统。

（5）通过高、中、低、远、近、虚、实等不同照明形式，在不同地区按照不同的要求，合理配置路灯、庭院灯、草坪灯、地灯，形成丰富多彩、温馨宜人的室外立体照明系统。

（6）宜少采用霓虹灯或强烈灯光做广告，居住建筑不宜采用玻璃幕墙。

4.2　风环境舒适度 SC02

4.2.1　风环境舒适度的意义

风通常是指大气层之内的空气流动。相比于土星等暴风肆虐的行星，地球有相对和煦的风环境，这是地球生物圈赖以兴旺发达的保证之一。人们常常形容一个地方的气候宜人，用"和风细雨"来形容，可见湿度与速度都合宜的风的存在是良好环境舒适度的一个组成要素。

风对城市室外环境的益处很多：从森林或草原吹来城市的风，将富含负氧离子的新鲜空气带入城市。有人研究了一些自然形成的欧洲中世纪城市，发现在主导风向上，城市密集区就会更厚实一些，以至于城市密集区的平面形式，最终与该城市的风玫瑰图具有某种相似性。今天，吹过城市的风，也常常带走城市里徘徊不去的雾霾，由于地表摩擦阻力的存在，高空的风，流速更快。有人观察到，超高层上部楼层的空气质量经常比会比街道层更清洁一点，甚至在极端情况下，当街道层还笼罩在雾霾之中时，屋顶层雾霾已经被风吹走了。风是水汽输送的动力，能把降水从海洋引向大陆深处。风环境使得蚊虫不容易靠近人体，防止了飞蚊传播的疟疾等疾病，也带走了人皮肤表面产生的水汽，使皮肤更加干爽。微风也是提高热环境舒适度的重要手段之一。完全无风的环境，会比有风的环境更加闷热。现代建筑先驱们主张城市建筑都采取底层架空以增进通风，今天一些设计已经实现了这一点，如热带的新加坡的组屋。风还是一种可资利用的能源，它使得帆船能远航，也使得景观环境有变化，例如里约奥运会的火炬，是由艺术家安东尼·豪尔（Anthony Howe）制作的生气勃勃、光彩四溢的风力雕塑。荷兰人使用风车来排水，在低洼地建立起灌溉农业，养育了成片的郁金花田，塑造了独特的大地景观。

风对城市热岛也有一定缓解作用，通过设立绿廊，让郊区上空的清凉空气能通过绿廊进入城市，是改善城市热岛效应的重要手段。

如果将观察时间进一步拉长，许多风成地形的有赖于风的作用，如我国黄土高坡厚实的黏土层，是由西北风裹挟带来的。如此，地面也形成了一些沙丘。风蚀还产生一些独特美观的地形，增强了环境的丰富性。

虽然风有这些益处，但无疑，过于强烈的风又会对室外环境舒适度造成不利影响。台风摧毁树木，破坏建筑附属设施，如雨棚、屋顶、甚至摧毁建筑，造成人员伤亡、通信、电力中断等等，龙卷风也有很大危害。有时，城市建筑环境也对不利的风害有加强作用，如高层建筑和大面积立面带来的下洗加强、喇叭形街道口带来的风道加强等。20 世纪 80 年代，美国波士顿曾有老太太在高层楼下行走时，因为高层加强的大风而趔趄摔倒，引发了诉讼，引发了世界范围和对建筑布局所致的不利风害加强的担忧。风致噪声也是导致环境舒适度下降的一个原因，在郊区疗养院，如果种植大量速生的杨树，在大风天会产生较大噪声。在北方，高层建筑或平地而起的多层建筑常常因为密封不严，也会在缝隙处产生比较严重的风致啸叫。

为了行文的方便，我们将风所引致的，与热、声、空气污染环境舒适度的内容放到热、声、清洁舒适度条目下，而本章重点讨论风的扬尘、扰动等机械作用效果。

4.2.2　常见的与风环境舒适度有关的标准

1. 风级（蒲福风级）

蒲福风级（Beaufort scale）是国际通用的风力等级，由英国人弗朗西斯·蒲福（Francis Beaufort）于 1805 年拟定，用以表示风强度等级。风力等级简称风级，是风强度（风力）的一种表示方法，故又称"蒲福风力等级表"。它最初是根据风对地面物体或海面的影响大小分为 0 ~ 12 级，共 13 个等级。自 1946 年以来，风力等级又作了扩充，增加到 18 个等级（0 ~ 17 级）。蒲福风级表最开始时只运用于海上，经改良后也可用于陆地。1947 年第 12 届国际气象台长会议上被正式承认。

表 4-14 和表 4-15 分别是蒲福风级表和扩展蒲福风级表。

蒲福风级表　　　　　　　　　　　　　　　　　　　　　　表 4-14

蒲福风级	名称	风速	风压	风级标准说明			约略波高（最大）
	中文英文	m/s	帕斯卡	海岸情形	海面情形	陆地情形	m
0	无风 Calm	0 ~ 0.2	0 ~ 0.025	风静	海面如镜	静，烟直上	
1	软风 Light air	0.3 ~ 1.5	0.056 ~ 0.14	渔舟正可操舵	海面有鳞状波纹，波峰无泡沫	炊烟可表示风向，风标不动	0.1（0.1）
2	轻风 Light brooze	1.6 ~ 3.3	0.16 ~ 6.8	渔舟张帆时速 1 ~ 2 海里	微波明显，波峰光滑未破裂	风拂面，树叶有声，普通风标转动	0.2（0.3）
3	微风 Gentle breeze	3.4 ~ 5.4	7.2 ~ 18.2	渔舟渐倾侧时速 3 ~ 4 海里	小波，波峰开始破裂，泡沫如珠，波峰偶泛白沫	树叶及小枝摇动，旌旗招展	0.6（1）
4	和风 Moderate breeze	5.5 ~ 7.9	18.9 ~ 39	渔舟满帆时倾于一方捕鱼好风	小波渐高，波峰白沫渐多	尘沙飞扬，纸片飞舞，小树干摇动	1（1.5）
5	清风 Fresh breeze	8.0 ~ 10.7	40 ~ 71.6	渔舟缩帆	中浪渐高，波峰泛白沫，偶起浪花	有叶之小树摇摆，内陆水面有小波	2（2.5）
6	强风 Strong breeze	10.8 ~ 13.8	72.9 ~ 119	渔舟张半帆，捕鱼须注意风险	大浪形成，白沫范围增大，渐起浪花	大树枝摇动，电线呼呼有声，举伞困难	3（4）
7	疾风 Near gale	13.9 ~ 17.1	120.8 ~ 182.8	渔舟停息港内，海上需船头向风减速	海面涌突，浪花白沫沿风成条吹起	全树摇动，迎风步行有阻力	4（5.5）

续表

蒲福风级	名称	风速	风压	风级标准说明			约略波高（最大）
	中文英文	m/s	帕斯卡	海岸情形	海面情形	陆地情形	m
8	大风 Gale	17.2 ~ 20.7	184.9 ~ 267.8	渔舟在港内避风	巨浪渐升，波峰破裂，浪花明显成条沿风吹起	小枝吹折，逆风前进困难	5.5（7.5）
9	烈风 Steong gale	20.8 ~ 24.4	270.4 ~ 372.1	机帆船行驶困难	猛浪惊涛，海面渐呈汹涌，浪花白沫增浓，减低能见度	烟突屋瓦等将被吹损	7（10）
10	暴风 Storm	24.5 ~ 28.4	375.2 ~ 504.1	机帆船航行极危险	猛浪翻腾波峰高耸，浪花白沫堆集，海面一片白浪，能见度减低	陆上不常见，见则拔树倒屋或有其他损毁	9（12.5）
11	狂风 Violent storm	28.5 ~ 32.6	507.7 ~ 664.2	机帆船无法航行	狂涛高可掩蔽中小海轮，海面全为白浪掩盖，能见度大减	陆上绝少，有则必有重大灾害	11.5（16）
12	飓风 Hurricane	32.7 ~ 36.9	664.2 ~ 851	骇浪滔天	空中充满浪花白沫，能见度恶劣	陆上几乎不可见，有则必造成大量人员伤亡	14（-）

扩展蒲福风级表 表 4-15

风力级数	高出地面 10m 之相当风速		
	mile/h	m/s	km/h
13	72 ~ 80	37.0 ~ 41.4	134 ~ 149
14	81 ~ 89	41.5 ~ 46.1	150 ~ 166
15	90 ~ 99	46.2 ~ 50.9	167 ~ 183
16	100 ~ 108	51.0 ~ 56.0	184 ~ 201
17	109 ~ 118	56.1 ~ 61.2	202 ~ 220

　　一般来说，当蒲福风级超过 4 级（距地面 10m 高风速超过 5.5m/s）时产生扬尘，当超过 6 级（距地面 10m 高风速超过 10.8m/s）时，人在户外活动就会收到比较大的影响，到 8 级（距地面 10m 高风速超过 17.2m/s）以上时已极有可能发生事故。我国《防治城市扬尘污染技术规范》HJ/T 393—2007 规定，当风力超过 4 级时，应该采取防止扬尘措施。

　　2. 风速、风速比、风速放大系数

　　由于接近地表的风速随着高度而变化，因而通常言及城市里的风速则都必指定高度。最常见的风速模拟采用 1.4 ~ 1.7m 高度，以接近感觉较为丰富的人脸。通常，城市里的风速可以采用公式进行计算。

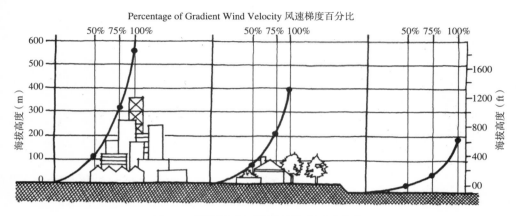

图 4-1   不同地表环境下的梯度风速变化

图片来源：[美]G·Z·布朗，马克·德凯著，常志刚，刘毅军，朱宏涛译，冉茂宇校. 太阳辐射·风·自然光——建筑设计策略（原著第二版）[M]。北京：中国建筑工业出版社. 2008.01.17. 原图 6-1 地形对风速断面的影响。

风速比是一个反映建筑群外部空间环境对风的作用的指标，其具体计算方法如下：

在数值模拟或风洞试验中，对于某一给定的方向，建筑物周围的流场是相对固定的，即风速比 Rz 一般不会随着来流风速的变化而变化。风速比 $R_z=V_z/V_0$，表示建筑物对室外空气流动所造成的影响而引起风速变化程度的大小。风速比 R_z 的定义为：

$$R_z=V_z/V_0$$

式中 V_z——流场中 Z 点在行人高度（1.5m）处的平均风速（m/s）；

V_0——行人高度处未受建筑物干扰时的平均风速，取初始风速（m/s）[27]。

如果 $R_z > 1$，也可以把风速比称为风速放大系数。我国《绿色建筑评价标准》（2014 年版）即采用"风速放大系数"的说法，该标准规定，在冬季典型风速和风向条件下，建筑物周围人行区风速小于 5m/s，且风速放大系数小于 2，可获 2 分。

3. 空气龄、静风区面积比

空气龄是指新鲜空气从入口进入到室内某一点所需要的时间。把空气龄作为评价室外空气品质的指标，表示空气从进入建筑区域至到达小区内某一点所需的时间，建筑区域的入口处空气龄为 0。空气龄的增加，从一个侧面表示此处通风比较困难，该点的空气质量相对比较差。

《绿色建筑评价标准》GB/T 50378—2014 中并未直接提出空气龄的说法，而要求过渡季、夏季典型风速和风向条件下，场地内人活动区不出现涡旋或无风区。这一条实际在模拟时，可采用空气龄方法加以判定。

赵倩，张涛（2015）在《城市室外风环境的评价方法整合及策略初探》提出用静风区面积比作为与夏季风环境舒适有关的评价指标 [28]。

4. 风压

风压（wind pressure）由于建筑物的阻挡，使四周空气受阻，动压下降，静压升高。侧面和背面产生局部涡流，静压下降，动压升高。和远处未受干扰的气流相比，这种静压的升高和降低统称为风压。简言之：风压就是垂直于气流方向的平面所受到的风的压力。风压是建筑风荷载的来源。

《绿色建筑评价标准》GB/T 50378—2014 中规定：在冬季典型风速和风向条件下，除迎风第一排建筑外，建筑迎风面与背风面表面风压差不大于 5Pa，得 1 分。这是为了防止建筑物成为"挡风墙"，造成非常严重的转角风加强，并产生比较严重的窗户漏风问题，影响建筑的整体热工效果。该标准还规定：过渡季、夏季典型风速和风向条件下，50% 以上可开启外窗室内外表面的风压差大于 0.5Pa，得 1 分。这是为了鼓励春夏秋季的自然通风。

5. 风频 - 风速综合指标

建立在上面几个评价指标基础上，下列学者分别提出了一些风环境舒适度的评价方法：

如戴文波特（Davenport）1972 年提出，可结合风频、风速来评价一处室外空间的舒适度。并提出不同室外功能，应具有不同的标准，诸如室外茶座餐厅这样的空间，风速和风频都应该小于公园、广场，公园广场又小于人行道，他提出的标准如表 4-16 所示。

戴文波特（Davenport）的风速 - 风频风环境舒适度指标　　　　表 4-16

活动类型	活动区域	相对舒适度蒲福风级指标（m/s）			
		舒适	可以忍受	不舒适	危险
快步行走	人行道	5	6	7	8
慢步行走	公园	4	5	6	8
短时间站或坐	公园，广场	3	4	5	8
长时间站或坐	室外餐厅	2	3	4	8
可以接受的代表性准则			＜ 1 次·周	＜ 1 次·月	＜ 1 次·年

图表来源：引自 Davenport, A.G. An approach to human comfort criteria for environmental wind conditions. CIB/WMO Colloquium on Building Climatology. Stockholm,1972. 转引自赵倩，张涛. 城市室外风环境的评价方法整合及策略初探 [A]. 中国城市规划年会 2015 年论文集 [C]. 2015.09。

1978 年司缪（Simiu E）和斯坎兰（Scanlan R.H.）在《风对结构的作用——风力工程学介绍》一书中，对不同风速的人体舒适度做过阐述，当风速＜ 5m/s 时，舒适；当风速为 5 ~ 10m/s 时，不舒适，行动受到影响；当风速为 10 ~ 15m/s 时，很不舒适，行动受到严重影响；当风速为 15 ~ 20m/s 时，不能忍受；当风速＞ 20m/s 时，危险。人的不舒适度不仅与风速相关，而且与不舒适风出现的频率也相关。出现频率低于 10% 人们感觉尚可，基本不会产生什么不良情绪；当出现频率处于 10% ~ 20% 之间时，人们会对这样的风环统产生一些不满，感到不舒适，抱怨会增多；而当出现频率超过 20%，人们会感到很不舒适，此种情况下则应针对性地采取一些减小风速的措施[29]。

4.2.3　风环境的计算机模拟

风环境舒适度通常可采用 CFD 软件进行模拟，CFD 英语全称（Computational Fluid Dynamics），即计算流体动力学，是流体力学的一个分支，简称 CFD。CFD 是近代流体力学，数值数学和计算机科学结合的产物，是一门具有强大生命力的边缘科学。它以电子计算机为工具，应用各种离散化的数学方法，对流体力学的各类问题进行数值实验、计算机模拟和分析研究，以解决各种实际问题。目前可用于计算室外场地风环境舒适度的软件，包括通用的 CFD 软件，如 CFX、Fluent、Phoenics、Star-CD、CFdesign、6SigmaDC 等，此外还有一些比较专用在建筑领域的软件，如 AirPak、ENVI-met 等（表 4-17）。后文的热环境舒适度计算时，也会用到其中一些软件。

各类与风环境舒适度有关的软件名称与功能　　　　　　　　表 4-17

软件名称	开发者、开发公司	软件功能	说明
Ecotect + Weather Tools	Autodesk	分析城市主导风向和气候数据	采用风参数图表达城市主导风向
Fluent	美国 FLUENT Inc. 公司	计算流体、热传递和化学反应	目前国际上比较流行的商用 CFD 软件包
Phoenics	英国 D.B.Spalding 教授及 40 多位博士	计算流体与计算传热学	世界上第一套计算流体与计算传热学商业软件，界面友好，计算域大
Ecotect+Winair	Autodesk	可分析建筑室外风环境	非商业软件，界面简单，和 Ecotect 整合比较好
ENVI-met	德国的 Michael Brus（University of Mainz, Germany）	微气候模拟，可模拟地面、植被、建筑和大气之间的相互作用过程	适合于模拟中小尺度的微环境，建模简便，功能强大
CFdesign	Dr. Rita Schnipke 与 Ed Williams	可用于计算各类暖通空调空间内复杂造型的空气流动	与产品设计结合较好
FloEFD	Mechanical Analysis	在设计师熟悉的 MCAD 界面下，执行前端和同步 CFD 分析，从而缩短设计时间	与参数化设计软件结合较好，CFD 模拟计算过程与设计过程同步进行
CFX	英国 AEA 公司	综合计算流体力学软件	目前国际上比较流行的商用 CFD 软件包
Star-CD	Computational Dynamics 公司	研究工业领域中复杂流动的流体分析	全球第一个采用完全非结构化网格生成技术和有限体积方法来研究工业领域中复杂流动的流体分析商用软件包，对复杂曲面支持较好
3D-CAD	Jianghe 等	仿真建筑热工性能对户外热环境的影响	以三维 CAD 为基础，偏微观尺度
Airpak	Fluent 公司	评测建筑刚体时主要采纳的软件	业界较为通行的商业软件，历史悠久，业界接受度都比较高
PKPM-CFD	中国建筑科学研究院	模拟风环境与热岛	在 Stream 基础上研发

4.2.4 提高风环境舒适度的设计方法

提高场地风环境舒适度的方法主要包括下列：

（1）设计前充分掌握基地所处的环境的主导风向风速，了解风环境的变化情况；

（2）总体城市设计考虑城市的主导风向特点，设置使清新空间能进入城市中心的通风廊道；

（3）建筑体型设计时，注意避免产生风道和迎风面的下洗气流，高层建筑可采用向上收分的形体，使得高空风速很高的强风吹向立面后形成上升气流，而不至于影响人行道层面的风环境；

（4）在风速较快的地区，避免采用平面锐角的形态，在可能情况下，尽可能采用柔性转角；

（5）在已有不利的建筑布局情况下，采用景观植物或采用扰流板对强风进行分流和引导。

4.3 热环境舒适度 SC03

4.3.1 热环境舒适度的意义

热环境直接影响人对冷和热的感觉，与人体的健康密切相关，人在不同的热环境下有不同的生理功能变化。热舒适还影响到人的出行、工作效率，尤其近年来高温热浪事件频发、城市热岛效应与年俱增，世界气象组织于 2016 年 7 月发布公报称，2016 年 1～6 月全球平均气温创有气象记录以来的最高值，2016 年正在成为"史上最热年"。室外热舒适问题逐渐受到关注。

1. 高温的危害

我国一般把日最高气温达到或超过 35℃时称为高温，连续数天（3 天以上）的高温天气称之为高温热浪（或高温酷暑），尤其在西太平洋副热带高压控制下的城市如上海、重庆、长沙、武汉、南京等。

在高温环境下，人体代谢旺盛，能量消耗较大，而闷热又常使人睡眠不足，食欲不振，又通过使用空调和电扇解暑，机体适应能力减退，抵抗力下降，急易引起热伤风和上呼吸道感染。食用冰镇食品，可引起腹泻。在闷热天气下，人体排汗不畅，还易导致皮肤过敏症。在高温及热辐射作用下，大脑反应速度及注意力降低，甚至会出现神志错乱的现象，人的心情烦躁，造成公共秩序混乱、意外事故的增加。

更严重的是，高温会使人体不能适应环境，超出极限温度，体温调节机制暂时发生障碍，而发生体内热蓄积，导致中暑或诱发疾病。对于患有高血压、心脑血管疾病的人，在高温潮湿无风低气压的环境里，易发生脑出血、脑梗死、心肌梗等症状，严重的可能导致死亡。2016 年 7 月 20 日，高温席卷长江中下游和江南大部，江苏省盐城市一名建筑工人由于高温工作导致中暑，经抢救无效后死亡[30]。

高温还会加剧干旱的发生，同时影响到植物生长的发育，使农作物减产。还使用水量、用电量急剧上升，资源消耗加剧。给人们生活。生产带来重大影响。

2. 热岛效应的危害

19 世纪初，英国气候学家路克·霍德华（Luke Howard）在《伦敦的气候》[31]一书中，首次提出了"热岛效应"的气候特征理念。即城市中的气温明显高于外围郊区的现象。如今，随着城市高速的开发建设，热岛效应也变得愈发明显，产生的问题也日益严峻。

人的许多疾病就是在"热岛效应"作用下引发的，在"热岛效应"影响下，热岛中心集聚了大量有害气体和烟尘，形成严重的大气污染。污染物直接刺激人们的呼吸道黏膜，使支气管炎、肺气肿、哮喘、鼻窦炎、咽炎等呼吸道疾病发病率增高。高温还会加剧光化学反应速率，从而提高大气中有害气体的浓度，加剧空气污染。

大气污染物还会刺激皮肤，导致皮炎，甚而引起皮肤癌。在高温夏季，在汞、铬含量高的城市里的居民，肾脏易受到伤害。当铬进入眼睛时，可以引起结膜炎，甚至导致失明；汞可损害人类的肾脏，引起剧烈腹痛、呕吐，汞慢性中毒还会损害人的神经系统。

由于在热岛中心区的特征，长期生活在其中的人们的健康状况会每况愈下，多会表现为情绪烦躁不安、精神萎靡、忧郁压抑、记忆力下降、失眠、食欲减退、消化不良、溃疡增多、胃肠疾病复发等，给城市人们的工作和生活带来负面影响。

在热岛产生的上升热气流与潮湿的海陆气流相遇时，会在局部地区引起暴雨和洪水灾害，造成山体滑坡和道路塌陷等。

3. 低温的危害

人体的正常温度波动在 36 ～ 37℃之间，人体在非常寒冷的气候条件下，身体会大量散热，如保暖程度不够，或睡眠不足或体内热量太少，便会使身体在寒冷环境不能保持热平衡，导致体温降低，新陈代谢等生理机能处于抑制状态，垂体、肾上腺皮质等内分泌功能容易紊乱，表现为情绪低落、注意力不集中、做事无精打采、心悸心慌和失眠多梦等症状，会引发抑郁症。低温、干燥和高气压对患有冠心病、高血压、哮喘、脑动脉硬化症等疾病的病人有不利影响。体温过低，则会因心脏功能减弱或热调节机能失效而死亡。

低温时，皮肤温度随受冷时间的延长和冷强度的加大逐渐降低，并出现潮红、冷、胀、麻、痛等症状，感觉也逐渐减弱；持续暴露于低温环境时，除皮肤温度下降外，体中心温度也下降，但体温的变化不如皮肤温度变化那样敏感，要表现为直肠温度下降，当体核温度降至 35℃以下时，会造成低体温或全身性的冷冻伤[32]。

低温环境也对神经系统有影响，短时间的寒冷刺激能够提高交感神经紧张度，增加代谢活动；而较长时间处于寒冷环境中，机体运动神经和感觉神经的功能都会受到抑制，并可发生冻僵反应及不可逆损害[33]。

4.3.2　常见的与热环境舒适度有关的指标与相关规范

1. 湿球黑球温度（WBGT）

湿球黑球温度（WBGT）指数是用来评价高温车间气象条件的，它综合考虑空气温度、空气湿度、风速和辐射热四个因素。WBGT 是一种经验指数，也是综合评价人体接触作业环境热负荷的一个基本参量。

WBGT 的计算公式：

——室内外无太阳辐射：

$$WBGT=0.7t_{nw}+0.3t_g$$

——室外有太阳辐射：

$$WBGT=0.7t_{nw}+0.2t_g+0.1t_a$$

式中　t_{nw}——自然湿球温度；

　　　t_g——黑球温度；

　　　t_a——露天情况下加测空气干球温度。

热负荷指人体在热环境中作业时的受热程度，以 WBGT 指数表示，取决于体力劳动的产热量和环境与人体间热交换的特性。

在国家技术监督局在 1998 年批准实施的《热环境 根据 WBGT 指数（湿球黑球温度）对作业人员热负荷的评价》GB/T 17244—1998 中，规定了热作业环境和热作业人员热负荷的评价方法，适用于评价 8h 工作日的平均热负荷，不适用于评价小于 1h 工作的热负荷。其中将热环境的评价标准分为四级（表 4-18、表 4-19）。

| | WBGT 指数评价标准 | | | 表 4-18 |

平均能量代谢率等级	WBGT 指数（℃）			
	好	中	差	很差
0	≤ 33	≤ 34	≤ 35	> 35
1	≤ 30	≤ 31	≤ 32	> 32
2	≤ 28	≤ 29	≤ 30	> 30
3	≤ 26	≤ 27	≤ 28	> 28
4	≤ 25	≤ 26	≤ 27	> 27

注：表中"好"级的 WBGT 指数值是以最高肛温不超过 38℃ 为限。

图表来源：热环境 根据 WBGT 指数（湿球黑球温度）对作业人员热负荷的评价 [S]. GB/T 17244—1998，原表 1。

WBGT 指数的参考值表与给定条件相应的参考值 表 4-19

代谢率等级	代谢率 M		WBGT 参考值			
	瓦 / 平方米体表面积（W/m²）	整体（平均体表面积 1.8m²）(W)	对高温已适应性者（℃）		对高温未适应性者（℃）	
0	$M \leqslant 65$	$M \leqslant 117$	33		32	
1	$65 < M \leqslant 130$	$117 < M \leqslant 234$	30		29	
2	$130 < M \leqslant 200$	$234 < M \leqslant 360$	28		26	
3	$200 < M \leqslant 260$	$360 < M \leqslant 468$	感觉无风 25	感觉有风 26	感觉无风 22	感觉有风 23
4	$M > 260$	$M > 468$	23	25	18	20

注：WBGT 指数值是以肛温不超过 38℃为限。

图表来源：热环境 根据 WBGT 指数（湿球黑球温度）对作业人员热负荷的评价 [S]. GB/T 17244—1998，原表 A1。

2. 预计平均热感觉指数（*PMV*）和预计不满意者的百分数（*PPD*）

《中等热环境 *PMV* 和 *PPD* 指数的测定及热舒适条件的规定》GB/T 18049—2000 中规定了中等热环境中人对热的感觉和不舒适程度的方法，并规定了可接受的热舒适条件。适用于室内工作环境的设计与评价。

预计平均热感觉指数（*PMV*）是一种指数，表明预计群体对于 7 个等级热感觉投票的平均值，7 个等级分别为：+3 热；+2 温暖；+1 较温暖；0 适中；-1 较凉；-2 凉；-3 冷。

PMV 可按下列方法之一确定：

（1）计算法

可根据以下公式得出：

$$PMV=[0.303e^{-0.036M}+0.028]\{(M-W)-3.05 \times 10^{-3} \times [5733-6.99(M-W)-P_a]$$
$$-0.42 \times [(M-W)-58.15]-1.7 \times 10^{-5}M(5867-p_a)$$
$$-0.0014M(34-t_a)-3.96 \times 10^{-8}f_{cl} \times [(t_{cl}+273)^4-(t_s+273)^4]-f_{cl}h_c(t_{cl}-t_a)\}$$

式中：$t_{cl}=35.7-0.028(M-W)-I_{cl}\{3.96 \times 10^{-8}f_{cl} \times [(t_{cl}+273)^4-(\bar{t}_r+273)^4]+f_{cl}h_{c(tcl-ta)}\}$

$$h_c=\begin{cases} 2.38(t_{cl}-t_a)^{0.25} & 当 2.38(t_{cl}-t_a)^{0.25} > 12.1\sqrt{v_{ar}} \\ 12.1\sqrt{v_{ar}} & 当 2.38(t_{cl}-t_a)^{0.25} > 12.1\sqrt{v_{ar}} \end{cases}$$

$$f_{cl}=\begin{cases} 1.00+1.290I_{cl} & 当 I_{cl} \leqslant 0.078m^2 \cdot ℃/W \\ 1.05+0.645I_{cl} & 当 I_{cl} \leqslant 0.078m^2 \cdot ℃/W \end{cases}$$

式中 *PMV*——预计平均热感觉指数；

M——新陈代谢率，W/ m²；

W——外部做功消耗的热量（对大多数活动可以忽略不计），W/m²；

I_{cl}——服装热阻，m² · ℃ /W；

f_{cl}——着装时人的体表面积与裸露时人的体表面积之比；

t_a——空气温度，℃；

$\bar{t}_r$——平均辐射温度，℃；

v_{ar}——空气流速，m/s；

P_a——水蒸气分压，Pa；

h_c——对流换热系数，W/（m²·℃）；

t_{cl}——服装表面温度，℃。

（2）查表法

对于不同组合的参数、活动、服装、作业温度和相对湿度可直接从表中查出 PMV 值，如相对湿度为 50%，活动水平 =46.52W/m²（0.8met）时 *PMV* 测定用表见表 4-20。

相对湿度为 50%，活动水平 =46.52W/m²（0.8met）时 *PMV* 测定用表　　　表 4-20

服装		作业温度	相对空气流速（m/s）							
Clo	m²·℃/W	（℃）	< 0.10	0.10	0.15	0.20	0.30	0.40	0.50	1.00
0	0	27	−2.55	−2.55						
		28	−1.74	−1.76	−2.23	−2.62				
		29	−0.93	−1.02	−1.42	−1.75				
		30	−0.14	−0.28	−0.60	−0.88				
		31	0.63	0.46	0.21	0.01				
		32	1.39	1.21	1.04	0.89				
		33	2.12	1.97	1.87	1.78				
		34		2.73	2.71	2.68				
0.25	0.04	26	−1.92	−1.84	−2.29	−2.57				
		27	−1.30	−1.36	−1.67	−1.92	−2.31	−2.62		
		28	−0.69	−0.78	−1.05	−1.26	−1.60	−1.87	−2.10	−2.89
		29	−0.08	−0.20	−0.42	−0.60	−0.89	−1.12	−1.31	−1.97
		30	0.53	0.39	0.21	0.06	−0.17	−0.36	−0.51	−1.05
		31	1.12	0.99	0.84	0.73	0.55	0.41	0.29	−0.13
		32	1.71	1.58	1.49	1.41	1.28	1.18	1.09	0.80
		33	2.29	2.19	2.13	2.08	2.01	1.95	1.90	1.73
0.50	0.08	25	−1.54	−1.59	−1.84	−2.04	−2.34	−2.57		
		26	1.04	−1.12	−1.34	−1.51	−1.78	−1.98	−2.51	
		27	−0.55	−0.64	−0.83	−0.98	−1.22	−1.40	−1.54	−2.03
		28	−0.05	−0.15	−0.32	−0.45	−0.65	−0.81	−0.93	−1.35
		29	0.45	0.34	0.20	0.09	−0.09	−0.22	−0.32	−0.67
		30	0.94	0.83	0.72	0.63	0.49	0.38	0.29	0.01
		31	1.44	1.33	1.24	1.17	1.06	0.98	0.91	0.69
		32	1.92	1.83	1.76	1.71	1.64	1.58	1.54	1.38

续表

服装		作业温度（℃）	相对空气流速（m/s）							
Clo	m²·℃/W		<0.10	0.10	0.15	0.20	0.30	0.40	0.50	1.00
0.75	0.12	24	1.26	−1.31	−1.51	−1.65	−1.87	−2.03	−2.17	
		25	−0.84	−0.91	−1.08	−1.21	−1.41	−1.56	−1.67	−2.05
		26	−0.42	−0.51	−0.66	−0.77	−0.95	−1.08	−1.18	−1.52
		27	−0.01	−0.10	−0.23	−0.33	−0.49	−0.60	−0.69	−0.98
		28	0.41	0.32	0.20	0.11	−0.02	−0.12	−0.19	−0.45
		29	0.83	0.73	0.63	0.56	0.45	0.37	0.30	0.09
		30	1.25	1.15	1.07	1.01	0.93	0.86	0.81	0.63
		31	1.66	1.57	1.51	1.47	1.40	1.35	1.31	1.18
1.00	0.155	23	−1.06	−1.12	−1.28	−1.39	−1.56	−1.68	−1.78	−2.08
		24	−0.71	−0.77	−0.91	−1.02	−1.17	1.28	−1.37	−1.65
		25	−0.35	−0.42	−0.54	−0.64	−0.78	−0.88	−0.96	−1.21
		26	0.01	−0.06	−0.17	−0.26	−0.38	−0.47	−0.55	−0.76
		27	0.30	0.29	0.20	0.12	0.01	−0.06	−0.13	−0.32
		28	0.74	0.66	0.57	0.51	0.41	0.35	0.30	0.13
		29	1.10	1.02	0.95	0.90	0.82	0.76	0.72	0.58
		30	1.46	1.39	1.33	1.29	1.22	1.18	1.14	1.03
1.50	0.233	18	−1.67	−1.70	−1.84	−1.93	−2.07	−2.17	−2.25	−2.49
		20	−1.11	−1.16	−1.27	−1.36	−1.48	−1.57	−1.63	−1.84
		22	−0.55	−0.60	−0.70	−0.77	−0.88	−0.95	−1.01	−1.18
		24	0.02	−0.04	−0.12	−0.18	−0.27	−0.33	−0.38	−0.52
		26	0.60	0.53	0.46	0.42	0.35	0.30	0.26	0.15
		28	1.17	1.11	1.06	1.02	0.97	0.94	0.91	0.82
		30	1.76	1.70	1.67	1.64	1.61	1.58	1.57	1.51
		32	2.34	2.30	2.28	2.27	2.26	2.24	2.23	2.20
2.20	0.31	14	−1.84	−1.87	−1.98	−2.06	−2.18	−2.26	−2.32	−2.49
		16	−1.39	−1.43	−1.52	−1.59	−1.69	−1.77	−1.82	−1.98
		18	−0.93	−0.97	−1.06	−1.12	−1.21	−1.27	−1.32	−1.46
		20	−0.46	−0.52	−0.59	−0.64	−0.72	−0.77	−0.82	−0.94
		22	0.01	−0.05	−0.11	−0.13	−0.22	−0.27	−0.30	−0.41
		24	0.48	0.43	0.38	0.34	0.28	0.24	0.22	0.13
		26	0.97	0.91	0.87	0.84	0.80	0.76	0.74	0.67
		28	1.45	1.40	1.37	1.35	1.32	1.29	1.27	1.23

图表来源：中等热环境 PMV 和 PPD 指数的测定及热舒适条件的规定 [S]. GB 18049—2000，原表 C1。

（3）直接测定法

使用积分传感器。

预计不满意者的百分数（*PPD*）可对于热不满意的人数给出定量的预计值，可预计群体中感觉过暖或过凉。

PPD 可按下列方法之一确定：

（1）计算法，可根据以下公式得出：

$$PPD=100\text{–}95 \times e^{-\left(0.03353 \times PMV^{4}+0.2179 \times PMV^{2}\right)}$$

（2）查表法，通过与 *PMV* 函数关系图（图4-2）中查出：

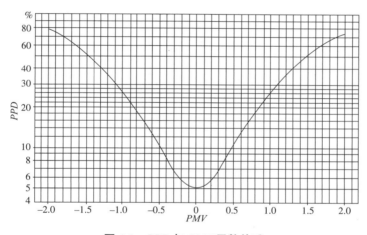

图4-2　*PPD* 与 *PMV* 函数关系

图片来源：中等热环境 *PMV* 和 *PPD* 指数据和测定及热舒适条件的规定 [S]. GB 18049—2000，原图 1。

人的整个身体对温暖或凉感的不满意或不舒适以 *PMV* 和 *PPD* 指数表示，但不满意或不舒适也可能是由于身体的某一特殊部分感受到不必要的热或冷所致，如由空气流动流所引起的局部寒冷感，该气流以涡动气流强度表示，用于预计会受涡动气流影响的人的百分数，计算公式：

$$DR=\left(34\text{–}t_{a}\right)\left(v\text{–}0.05\right)^{0.62}\left(0.37 \cdot v \cdot Tu+3.14\right)$$

式中　*DR*——涡动气流强度，即，因有涡动气流而不满意人的百分数；

t_{a}——局部空气温度，℃；

v——局部平均空气流速，m/s；

Tu——局部湍流强度，其定义为局部空气流速的标准差与局部平均空气流速之比，%。

局部的不舒适感也可能由于较高的垂直温度差、代谢率太高或穿着太厚所致。

因有个体差别，总会有一定百分数的人对热环境感到不适，在《中等热环境 *PMV* 和 *PPD* 指数的测定及热舒适条件的规定》GB/T 18049—2000 中推荐了 90% 的人可接受的热感觉，85% 的人不会由于气流而感到不适的舒适度。

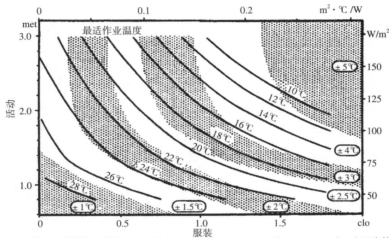

注：阴影区表示最适温度的舒适范围 ±*Δt*，其中 –0.5 < *PMV* < +0.5。当 *M* < 1met 时，由于身体运动产生的相对空气流速估算为 0；当 *M* > 1met 时，v_{ar}=0.3（*M*–1），相对湿度为 50%。

图 4-3　最适作业温度（相当于 *PMV*=0）与服装及活动的函数关系 [66]

图片来源：中等热环境 *PMV* 和 *PPD* 指数的测定及热舒适条件的规定 [S]. GB 18049—2000，原图 D1。

3. 温湿指数和风效指数

温湿指数是描绘人体对环境温度和湿度综合感受的指数。计算公式：

$$I=T–0.55 \times（1–RH）\times（T–14.4）$$

式中　*I*——温湿指数，保留 1 位小数；

　　　T——某一评价时段平均温度，℃；

　　　RH——某一评价时段平均空气相对湿度，%。

风效指数是描述人体对风、温度和日照综合感受的指数。计算公式：

$$K=–（10\sqrt{V}+10.45–V）（33–T）+8.55S$$

式中　*K*——风效指数，取整数；

　　　T——某一评价时段平均温度，℃；

　　　V——某一评价时段平均风速，m/s；

　　　S——某一评价时段平均日照时数，h/d。

在我国《人居环境气候舒适度评价》GB/T 27963—2011 中，利用温湿指数和风效指数评价其后舒适度，将气候舒适度划分为了 5 个等级：寒冷、冷、舒适、热和闷热。当两种指数不一致时，冬半年使用风效指数，夏半年使用温湿指数，当评价时段平均风速大于 3m/s 的地区使用风效指数。

人居环境舒适度等级划分表　　　　　　　　　　　　　　　表 4-21

等级	感觉程度	温湿指数	风效指数	健康人群感觉的描述
1	寒冷	< 14.0	<—400	感觉很冷，不舒服
2	冷	14.0 ~ 16.9	—400 ~ —300	偏冷，较不舒服
3	舒适	17.0 ~ 25.4	—299 ~ —100	感觉舒适
4	热	25.5 ~ 27.5	—99 ~ —10	有热感，较不舒服
5	闷热	> 27.5	>—10	闷热难受，不舒服

图表来源：人居环境气候舒适度评价 [S]. GB/T 27963—2011，原表 1。

4. 标准有效温度（SET）

标准有效温度（standard effective temperature，SET）的理论基础是 Gagge[34] 提出的人体温度调节的两节点模型。该模型将人体看作两层，即核心层和皮肤层。新陈代谢在核心层产生的一部分热量，通过呼吸直接散失在环境中，其余的热量传到皮肤表面。传到皮肤表面的热量一部分由汗液蒸发散，其余的热量通过衣服传到衣服表面，然后通过辐射和对流散失到环境中。传热过程被视为是一维的。核心层和皮肤层的热平衡方程式分别为：

$$M_{cr} c_{cr} \frac{dT_{cr}}{dt} = M + M_{sh} - W - Q_{re} - (K + m_{bl}c_{p,bl})(T_{cl} - T_{sk})$$

$$M_{sk} c_{sk} \frac{dT_{sk}}{dt} = (K + m_{bl}c_{p,bl})(T_{cl} - T_{sk}) - Q_{dr} - Q_{ev}$$

式中　M_{cr}，M_{sk}——单位表面的核心层质量和皮肤质量；

　　　c_{cr}，c_{sk}——核心层和皮肤层平均比热容；

　　　T_{cr}，T_{sk}——核心层及皮肤层温度；

　　　t——时间；

　　　M——单位体表面新陈代谢率；

　　　M_{sh}——单位体表面积寒战调节产热量；

　　　W——单位体表面积对外所做的机械功；

　　　Q_{re}——单位体表面积呼吸热损失；

　　　Q_{dr}——单位体表面积与环境间的显热换热量；

Q_{ev}——单位体表面积与环境间的潜热换热量；

K——核心层与皮肤间的导热系数；

m_{bl}——核心层与皮肤层间的血流量；

$c_{p, bl}$——血液比热容。

SET 的定义是：某个空气温度等于平均辐射温度的等温环境中的温度，其相对湿度为 50%，空气静止不动，在该环境中身着标准热阻服装的人若与他在实际环境和实际服装热阻条件下的平均皮肤温度和皮肤湿润度相同时，则他具有相同的热损失，这个温度就是上述环境的 SET。人对于标准有效温度（SET）的热反应见表 4-22。

SET 以人体传热的物理过程为基础，包含平均皮肤温度和皮肤湿润度，综合考虑不同活动水平和服装热阻，是目前国外较通用合理的评价室外热舒适的指标[35]。

人对于标准有效温度（SET）的热反应　　　　　　　　　　　　表 4-22

SET/℃	热感觉	不舒适程度	人体的温度调节	健康状态
40		难以忍受	皮肤不能蒸发水分	
	很热	很不舒适		中暑的危险增加
	热	不舒适		
35				
	暖和	稍不舒适	血管缩长，排汗增加	
30				
	稍暖和			
25		无明显排汗		
	中和	舒适	正常健康状态	
	稍凉爽		血管收缩	
20				
	凉爽	稍不舒适		口干舌燥
15		行为改变		
	冷		开始寒颤	全身循环受到削弱
10	很冷	不舒适		

图表来源：T.A.Max, E .N .Moles 著，陈士驎译 .建筑 . 气候 . 能量 [M]. 中国建筑工业出版社，1990。

5. 不舒适指标（DISC）

人对周围环境热反应可以通过标准有效温度进行描述，同时 Gagge 等也提出的热不舒适指标 DISC 来描述热舒适状态，用来表示人对环境感到不舒适的程度。

DISC 的计算方法为：

$$DISC=5.0（\omega - 0.06）$$

$$\omega=[H_{sk}-h'(t_{sk}-t_a)]/(h'_e P_d)$$

式中　H_{sk}——皮肤表面的净热流量，即体内传输到皮肤表面的热流量；

h' 和 h'_e——显热传递系数和蒸发热传递系数，它们是与周围空气流速、服装热阻和湿阻有关的函数；

　　　t_{sk}——皮肤温度；

　　　t_a——环境温度；

　　　P_d——皮肤表面与环境之间的压力梯度。

通常情况下 ω 的值为 0.06 ~ 1.0，开始排汗前，ω=0.06；皮肤表面被汗液完全润湿时，ω=1.0。

DISC 的具体数值可以在热舒适图中读取（图4-4）。DISC 以 0 点为中和点，冷边为负值，热边为正值。DISC 指标中，DISC 数值越接近于 0，则表示周围环境越舒适。在 –0.5 ~ +0.5 之间的区域表示 80% 的人能感到满意；在 –1.0 ~ +1.0 之间，为 70% 的人可接受的舒适条件范围。

此项指标的优点在于：第一，不仅适用于一般的"室内"条件，适用的条件范围很广泛；第二，DISC 指标可在冷条件与热条件间找到与一般反应相当的值，用来表述对于不舒服程度的评价。

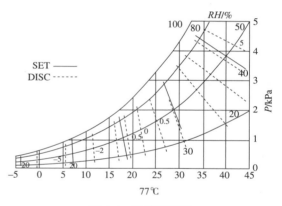

图4-4　热舒适度图

图片来源：赵子健；陈静怡；钟隽文；杨文斌；基于标准有效温度和不舒适指标研究南京热舒适状况 [J]；气象与环境科学；2013.4。

4.3.3　热环境的计算机模拟

对建筑室外热环境的研究有文献分析、实验分析、现场实测和计算机模拟等多种方法。多年来，在计算机模拟分析热环境舒适度上国内外均取得了显著成果。以计算机为平台，采用计算流体动力学（Computational Fluid Dynamics，CFD），针对城市风环境模拟空气的流动与传热的物理过程，这些软件主要包括：Fluent、Phoenics、Airpak、CFX 和 Stream 等。

而近年来，绿化对区域热环境舒适度的影响得到了更多的关注。计算机可将植物蒸发潜热、辐射、对流换热等影响，添加到相应模型中，通过模拟转化为热环境参数，用于人体室外热舒适度的评价。根据清华大学林荣波的相关研究[36]，在模拟绿化对热环境的影响时通常有三种模型：能量平衡方程、建筑群热时间常数 CTTC（Cluster Thermal Time Constant）模及其改进模型、与计算流体力学（CFD）密切相关的湍流模型。

基于能量平衡方程的模型对影响热环境的诸多因素都可以进行模拟，尤其是辐射的影响。而植物的作用在辐射模型中多会被简化处理，转化为对平均辐射温度（MRT）的影响。基于能量平衡方程模型可快速计算出整体环境的相关物理量，适用于在设计初期进行方案分析。其模拟工具主要有 RayMan、SOLWEIG、AUSSSM TOOL 等。

CTTC 模型是在热平衡的基础上，使用建筑群热时间常数的方法来计算局部建筑环境的空气温度随外界热量扰动变化情况的三维集总参数模型[37]。而绿色 CTTC 模型在其基础上引入了乔木的影响。DUTE 就是基于 CTTC 模型的模拟工具，其可以通过定义乔木的特征分析不同绿化组织方式对热环境的改善作用。

能量平衡方程模型和 CTTC 模型均为集总参数法，没有考虑气流组织对环境的影响。湍流模型使用分布参数法，将植物简化后，再模拟湍流流过植被覆盖区，还有些复杂模型可以结合能量、水汽等，并加入大气、土壤等因子，充分考虑植物的蒸发和蓄放热作用。基于湍流模型的模拟工具包括 ENVI-met、Phoenics 2014 等。

下面列举了常见的可用于计算热环境舒适度的，计算机模拟软件的名称和功能，如表 4-23 所示。

各类与热环境舒适度有关的软件名称与功能　　　　　　　　　　　表 4-23

软件名称	开发者、开发公司	软件功能	说明
Fluent	美国 FLUENT Inc. 公司	计算流体、热传递和化学反应	目前国际上比较流行的商用 CFD 软件包
Phoenics	英国 D.B.Spalding 教授及 40 多位博士	计算流体与计算传热学	世界上第一套计算流体与计算传热学商业软件，界面友好，计算域大
ANSYS	美国 ANSYS 公司	融结构、流体、电场、磁场、声场分析于一体的大型通用有限元分析软件	国际最流行的有限元分析软件
Ecotect	美国 Autodesk 公司	分析建筑室内温度、舒适度、得热和负荷，分析太阳辐射强度	准入法分析，动态负荷计算方法
ENVI-met	德国的 Michael Brus（University of Mainz, Germany）	微气候模拟，可模拟地面、植被、建筑和大气之间的相互作用过程	适合于模拟中小尺度的微环境，建模简便，功能强大
RayMan	德国弗莱堡大学气象研究所	模拟计算小尺度城市微气候	依据 RayMan 辐射模型，可估算辐射通量、云层、固体遮挡物对于短波辐射的影响
SOLWEIG	瑞典哥德堡大学城市气候研究中心	模拟三维空间辐射	作简单，计算快捷，适合大尺度模拟
AUSSSM TOOL	日本九州大学城市与建筑环境实验室	一维模型的城市热岛模拟	不能模拟除了草地以外其他绿化形式对热环境的影响
DUTE	华南理工大学	模拟绿化对热环境的改善作用	基于 CAD 平台开发，界面友好，快捷方便，适合设计人员使用

续表

软件名称	开发者、开发公司	软件功能	说明
Stream	由 PKPM 与 Cradle 公司合作研发	运用 BIM 模型（Revit）实现风、光、热物理模拟	国内首款基于 BIM 技术应用的 CFD 模拟软件
WindPerfect	同济大学绿色建筑及新能源研究中心联合日本、美国学者合作研发	利用 SketchUp 建模实现风、热物理模拟	国内首款基于 SketchUp 建模的 CFD 模拟软件
Star-CD	Computational Dynamics 公司	研究工业领域中复杂流动的流体分析	全球第一个采用完全非结构化网格生成技术和有限体积方法来研究工业领域中复杂流动的流体分析商用软件包
3D-CAD	Jianghe 等	仿真建筑热工性能对户外热环境的影响	以三维 CAD 为基础，偏微观尺度
Airpak	Fluent 公司	评测建筑刚体时主要采纳的软件	业界较为通行的商业软件,历史悠久,业界接受度都比较高
PKPM-CFD	中国建筑科学研究院	模拟风环境与热岛	在 Stream 基础上研发

4.3.4　提高热环境舒适度的方法

1. 由几栋独栋建筑组成闭合式建筑，适当阻挡太阳辐射的作用，形成相对独立的小环境，提高热舒适度。

2. 适当增加街道两侧的建筑物高度，增大路面被阴影覆盖的范围，减少沥青路面直接接受太阳辐射面积。

3. 相对于正南北和正东西向的街道，东北—西南和西北—东南走向的街道对热舒适度的改善效果更好：在夏季增了阴影覆盖面积，在冬季保证了接收太阳辐射时间。

4. 适当设置增加空气流动的风道，提高潜热输送，降低空气温度，可提高热舒适度。

5. 相比于大面积的草坪，布置有乔木等植被的小区域，利用乔木树冠吸收热辐射，提高夏季热舒适度。

6. 规划中善于利用水体的作用,在夏季高温天气,水体可以显著提高周边热舒适程度。合理规划水体面积、形状、与植被的关系。

4.4　声环境舒适度 SC04

4.4.1　声环境舒适性的意义

俗话说"眼观六路，耳听八方"，建筑室外环境的声音信息通过各个方向进入人耳，不同的城市外部空间有不同类型的声音的组合。伴随着工业化，汽车在给人们带来方便的同时，也带来了噪声。噪声影响人们的休息，也使得人难以集中注意力在工作中。对噪声的解释有两种，一种从声音的物理特性出发，认为噪声是发声体做无规则振动时发出的声音，音高和音强变化混乱。一种从人的需求出发，认为凡是妨碍到人们正常休息、学习和工作的声音，以及对人们要听的声音产生干扰的声音，都属于噪声。城市里室外空间的噪声污染主要来源于交通运输、车辆鸣笛、工业噪声、建筑施工、社会噪声如高声喇叭、早市和人的大声说话等。我国东部人口密度较高，噪声影响也比较大，因而较早就制定了以声级或声压强为基准的噪声防治的相关标准和规范。

随后，人们进一步认识到，城市里的声音实际上具有独特的文化价值和丰富的意义，声景观一词来源于 Landscape（景观）的类推，将声音的元素引入到了景观的概念之中。我们常说的景观，即 Landscape，是视觉的景观，借其构成，由 sound（声）和 scape（景）组成的 Soundscape 则是听觉的景观，是声音的风景 [38]。

声景观研究领域大多普遍认为，最早的 Soundscape 概念是由加拿大作曲家、音乐教育家 R.Murray Schafer 在 20 世纪 60 年代末 70 年代初提出的。起初是指 The Music of the Environment（环境中的音乐），即在自然和城乡环境中从审美角度和文化角度值得欣赏和记忆的声音 [39]。

如今声舒适度不仅包含噪声控制，也包含进行舒适宜人的声景观设计。

4.4.2　声环境舒适性的指标与标准

1. 噪声控制值

环境噪声标准（the standard for the environment noise）是为保护人群健康和生存环境，对噪声容许范围所作的规定。制定原则，应以保护人的听力、睡眠休息、交谈思考为依据，应具有先进性、科学性和现实性。环境噪声基本标准是环境噪声标准的基本依据。各国大都参照国际标准化组织（ISO）推荐的基数（例如睡眠 30dB），并根据本国和地方的具体情况而制定。较强的噪声对人的生理与心理会产生不良影响。在日常工作和生活环境中，噪声主要造成听力损失，干扰谈话、思考、休息和睡眠。根据国际标准化组织（ISO）的调查，在噪声级 85dB 和 90dB 的环境中工作 30 年，耳聋的可能性分别为 8% 和 18%。在噪声级 70 分贝的环境中，谈话就感到困难。对工厂周围居民的调查结果认为，干扰睡眠、休息的噪声级阈值，白天为 50dB，夜间为 45dB。中国现行的国家标准为《声环境质量标准》GB 3096—2008 和《社会生活环境噪声》GB 22337—2008 两大标准。其中，《声环境质量标准》GB 3096—2008 规定了五类声环境功能区的环境噪声限值及测量方法，适用于声环境质量评价与管理，但不适于机场周围区域受飞机通过（起飞、降落、低空飞越）噪声的影响；《社会生活环境噪声》GB 22337—2008 规定了营业性文化场所和商业经营活动中可能产生环境噪声污染的设备、设施边界噪声排放限值和测量方法，适用于其产生噪声的管理、评价和控制。

2.声景观的营造

除了噪声控制值，声景观的营造，也是声环境舒适度的重要组成部分。中国古典造园艺术中有相当多关于声景的塑造及其思想的运用，这些思想有些通过文字记录下来。如"蝉噪林逾静，鸟鸣山更幽"。同时看出，人们对于鸟鸣声、流水声等自然声的好感度远远大于广播声、交通声等人工声，其中鸟鸣声是被调查公园中普遍认为最令人感到愉悦且与环境最为协调的声音元素。城市的文化特色也部分地体现在当地城市的声景观上。

4.4.3　各类噪声模拟软件

采用一些软件可以计算特定位置的噪声值，见表 4-24。

各类噪声模拟软件　　　　　　　　　　　　　　　　　　表 4-24

软件名称	开发者、开发公司	软件功能	说明
SoundPLAN	德国 Braunstein Berndt GmbH	SoundPLAN 是包括墙优化设计、成本核算、工厂内外噪声评估等的集成软件	（1）公路、铁路和工业噪声模拟预测、声屏障优化设计； （2）点声源，线声源，面声源和其他复杂声源的环境声传播的计算厂界，小区和各功能区的噪声评估和预测等
Cadna/A	德国 datakustik	可以同时预测各类噪声源（点声源、线声源、任意形状的面声源）的复合影响，对声源和预测点的数量没有限制	采用 ISO 9613-2：1996 标准，与我国声传播衰减的计算方法原则是一致的
NoiseSystem	中国石家庄环安科技	可预测模拟复杂地形下的噪声，工业声源采用点、线、水平面源、垂直面源、圆形面源、公路源、室内源等；交通噪声源包括：多车道、路堤、路堑、桥梁、交叉路口、轨道声源等	工业声源部分给出了国标算法和新噪声导则两种算法；工业声源等效采用了噪声导则算法，铁路声源采用噪声导则算法
Breeze noise	三捷环境工程咨询有限公司	具备工业源模块、交通源模块、城市轻轨与铁路源模块等	根据 2010 年中国环保部新出的噪声环境影响评价导则的要求开发

4.4.4　提高声环境舒适度的方法

提高声环境舒适度的设计方法包括：

1.在规划设计中，可通过计算机对声环境进行仿真模拟，作出预测与评价，调整平面布局和空间关系，在前期做到对噪声的有效控制。

2.在城市尺度的规划设计中，合理进行功能能分区，工业区尽可能远离居住区，有噪声的工业区与居住区之间要设置防护带，并考虑噪声源与主导风向的关系。

3.利用声波的绕射性的特点，沿道路两侧设置隔声屏障，利用构筑物或对噪声不敏感的建筑类型，多用于为小区内住宅减弱噪声干扰。

4. 绿色植物特别是树木对声波有反射和吸收作用，宜选用常绿的灌木与乔木结合的种植方式，作为绿色屏障，设计成片的公园绿地和沿街绿化带。

5. 在小尺度的规划中，考虑到地面停车泊位和地下车库入口的位置布置，有噪声的设备用房与住宅之间保持隔声距离，并采用相应减震隔音的技术手段。

4.5 合生舒适度 SC05

4.5.1 合生舒适度的意义

合生（Biophilic）舒适性是指人因为亲近大自然而获得的满足与舒适。"合生"一词是由美国生物学家威尔逊（E. O. Wilson）在 20 世纪 80 年代的著作《合生性（Biophila）》中提出的。威尔逊为比特利（Timothy Beatley）的著作《合生城市》做序言，他尖锐地对今天的现实批评道"不管怎样，城市养育了我们，令我们愉悦，但这种养育的水平之低劣，又何异于养殖场养猪呢？城市提供了生存必需品，却提供不了真实的，足以与人类数百万年的物竞天择所沉淀下来的，与天性相符合的生活方式。人类无法回到出生的栖息地，不能自由漫步，探索，去体察危险并寻找欢乐，而正是这些欢乐、这些危险，铸就了人类的身躯与头脑。生活在世界各地城市里的人，或多或少都存在着同样的问题。"

人类历史上 99% 的时间段里以狩猎与采集为生，与其他生物之间关系密切。人脑也是在以生物为中心的世界里进化而来，而并非是在以机器为主宰的世界里进化而来的。即使，有些民族一两代人都完全生活在城市环境中，而所有与生物世界有关的习得规则在几千年里也无法完全抹除干净。

试想，让人完全待在恒温恒湿无菌无尘的玻璃罩里，即使热、光等因素都接近生理中值，但没有绿树、动物、河水溪流、蓝天与星空的陪伴，人仍然会感到无聊、空虚。20 世纪 80 年代以来，医学和心理学家经过多个实验证明，与大自然更紧密地接触，能获得更深程度的内心平静，改善精神健康状态。自然在很多方面有利于提高人类生活质量。

2007 年，英国心理健康慈善机构 MIND 做了一项比较研究，比较在自然环境下散步和在购物中心里散步对人精神的作用。结果发现，在自然环境里散步的人，大都报告说精神状态有好转，而那些逛购物中心的人则较少人有改善。反而 44% 的在购物中心散步的人，还报告说精神状态下降了。在自然环境下散步，对抑郁、愤怒、紧张、困惑、疲劳等消极心理状态都有改观 [40]。

哈提格（Hartig）和他的同事们 2006 年进行了一系列的研究和实验，进一步发现，即使短暂与自然相接触，或绿色视野，也能对心理健康起到一定积极的作用 [41]。

德州农工大学的罗吉·阿尔里奇（Roger Ulrich），对比研究了有风景的病房和没有风景的病房里住院的胆囊炎患者术后恢复的情况。发现前者恢复更为迅速："能看见树的患者术后住院时间更短，对护理的负面评价更少，镇痛剂的用量更省，术后并发症的发病率也更低。"这一研究发表在 1984 年的《科学》期刊上 [42]。

中国是一个有着悠久的农业历史、人口众多的国家，森林覆盖率不论国土或大城市中心区，相对欧美发达国家要低一些。在我国建设合生城市的任务也更艰巨。这一点已经引起政府规划部门的高度重视，2008 年北京奥运提出建设"绿色奥运"的口号。在我国，目前的合生城市建设，主要围绕增加城市绿地、增加景观植物、塑造模拟自然的水系等方面展开，包括创建"园林城市"、"森林城市"、"海绵城市"；进行"城市双修"等，这些创建活动页也设定了一些指标。

4.5.2 合生舒适度的主要标准和评价

1. 绿地率、绿化覆盖率

《城市规划基本术语标准》GB/T 50280—98 对绿地的解释是："城市中专门用以改善生态、保护环境、为居民提供游憩场地和美化景观的绿化用地。"

我国《城市居住区规划设计规范》GB 50180—93（2002 年版）对居住区的绿地率规定为居住区用地范围内各类绿地的总和占居住区用地的比率（%）。绿地应包括：公共绿地、宅旁绿地、公共服务设施所属绿地和道路绿地（即道路红线内的绿地），其中包括满足当地植树绿化覆土要求、方便居民出入的地下或半地下建筑的屋顶绿地，不应包括屋顶、晒台的人工绿地。

绿地率总的来说，反映了一个项目中绿树或草地所占的比例和数量。为了满足各地不同的树木存活条件，我国各地地下室覆土深度的要求也有所不同。例如，浙江采用 1.5m 深度覆土计算全绿地率，北京则采用 3m 深度覆土计算全绿地率，用 1.5m 深度计算半绿地率。

绿地率不仅用于居住区，而且我国《城市规划编制办法》（2006 年）规定：控制性详细规划应确定各地块建筑高度、建筑密度、容积率、绿地率等控制指标，实际上绿地率已是普遍控制地块和道路的生态绿量的偏刚性的指标。虽然有些武断，不能适用于屋顶绿化、垂直绿化等特殊绿化形态，但它的刚性，也保证了一定绿地面积在现实中不打折扣。

绿化覆盖率指绿化植物的垂直投影面积占城市总用地面积的比值。中国住房和城乡建设部和质检总局 2010 年发布的《城市园林绿化评价标准》GB/T 50563—2010 规定：绿化覆盖面积是指城市中乔木、灌木、草坪等所有植被的垂直投影面积，包括屋顶绿化植物的垂直投影面积以及零星树木的垂直投影面积，乔木树冠下的灌木和草本植物不能重复计算。

由于树冠覆盖下的空间可以复用为停车场或道路等，因而绿化覆盖率总是会高于绿地率。根据住房城乡建设部发布的《2013 年城乡建设统计公报》，2013 年末我国城市建成区绿化覆盖率为 39.70%，县城建成区绿化覆盖率为 29.06%。通过卫星遥感图可以很方便地得到绿地覆盖的面积（绿地强烈反射近红外波长，在遥感伪彩图上，有时绿地显示为红色）。

2.《城市园林绿化评价标准》GB/T 50563—2010 所含的一系列指标

在《城市园林绿化评价标准》中，提出多个评价绿地和公园质量，及其服务居民能力的指标，这些指标综合起来，可反映绿地的质量。如：公众对城市园林绿化的满意率、建成区绿化覆盖率、建成区绿地率、人均公园绿地面积、建成区绿化覆盖面积中乔、灌木所占比率、城市各城区绿地率最低值中城市各城区绿地率、城市各城区人均公园绿地面积最低值中城市各城区人均公园绿地面积、公园绿地服务半径覆盖率、万人拥有综合公园指数、城市道路绿化普及率、城市新建改建居住区绿地达标率、城市公共设施绿地达标率、城市防护绿地实施率、生产绿地占建成区面积比率、城市道路绿地达标率、林荫停车场推广率、河道绿化普及率、受损弃置地生态与景观恢复率、城市园林绿化综合评价值、城市公园绿地功能性评价值、城市公园绿地景观性评价值、城市公园绿地文化性评价值、城市道路绿化评价值、公园管理规范化率、古树名木保护率、节约型绿地建设率、生物防治推广率、公园绿地应急避难场所实施率、水体岸线自然化率、地表水 IV 类及以上水体比率、区域环境噪声平均值、城市热岛效应强度、本地木本植物指数、城市容貌评价值、城市管网水检验项目合格率、城市污水处理率、城市生活垃圾无害化处理率、城市道路完好率等，上述多个指标主要是针对城市整体。

不过有些指标也可稍加变通后用于局部的城市设计与景观设计，如：

建成区绿化覆盖面积中乔、灌木所占比率，部分反映了绿地的生物多样性。

$$\frac{\text{建成区绿化覆盖面积中乔、}}{\text{灌木所占比率（%）}} = \frac{\text{建成区乔、灌木的垂直投影面积（hm}^2\text{）}}{\text{建成区所有植被的垂直投影面积（hm}^2\text{）}} \times 100\%$$

公园绿地服务半径覆盖率反映了居民容易抵达公园的程度。

$$\text{公园绿地服务半径覆盖率（%）} = \frac{\text{公园绿地服务半径覆盖的居住用地面积（hm}^2\text{）}}{\text{居住用地总面积（hm}^2\text{）}} \times 100\%$$

这些指标可以比较方便地汇总，成为城市设计导则、景观导则的组成内容，可对城市绿地做出进一步的质量规定。

3.《国家森林城市评价标准》LY/T 2004—2012 所包含的一系列指标

国家森林城市，是指城市生态系统以森林植被为主体，城市生态建设实现城乡一体化发展，各项建设指标达到以下指标并经国家林业主管部门批准授牌的城市。截至 2016 年，全国有 23 个省、自治区、直辖市的 118 个城市获得"国家森林城市"称号，130 多个城市开展国家森林城市创建活动，森林城市建设成为林业发展的又一引擎。

《国家森林城市评价指标》是国家林业局 2012 年 2 月 23 日公布的对城市城乡一体森

林生态系统建设考核的系列化考核指标，并由国家林业局解释和修订。

与合生舒适度有关的评价标准及取值如下：

（1）市域森林覆盖率：年降水量400mm以下地区的城市达到20%以上，400～800mm地区城市达到30%以上，800mm以上地区的城市达到40%以上；水域（湿地）面积占市域面积20%以上的城市，其森林-湿地覆盖率应达到40%以上。申请创建以来，市域森林覆盖率年均提高0.4个百分点以上。

（2）城区人均公园绿地面积：城区人均公园绿地面积10m²以上，城市中心区人均公园绿地面积达到5m²以上。

（3）城区乔木比例：城市新区或住宅小区绿地建设应该注重提高乔木种植比例，其栽植面积应占到绿地面积的60%以上。

（4）城区街道绿化：城区街道的树冠覆盖率达30%以上。

（5）城区地面停车场绿化：申请创建以来，新建地面停车场的乔木树冠覆盖率达30%以上。

（6）城市重要水源地绿化：城市重要水源地森林植被保护完好，功能完善，森林覆盖率达到70%以上，水质净化和水源涵养作用得到有效发挥。

（7）休闲游憩绿地：建成区内建有多处以各类公园为主的休闲绿地，分布均匀，使市民出门500m有休闲绿地，基本满足本市居民日常游憩需求；近郊区建有面积20hm²以上的森林公园、湿地公园、郊野公园等大型生态旅游休闲场所5处以上。

（8）村屯绿化：村旁、路旁、水旁、宅旁基本绿化，集中居住型村屯林木绿化率达30%，分散居住型村屯达15%以上。

（9）森林生态廊道：主要森林、湿地等生态区之间建有贯通性的森林生态廊道，宽度不低于50m。

（10）水岸绿化：江、河、湖、海、库等水体沿岸注重自然生态保护，水岸林木绿化率达80%以上。在不影响行洪安全的前提下，采用近自然的水岸绿化模式，形成城市特有的风光带。

（11）道路绿化：公路、铁路等道路绿化注重与周边自然、人文景观的结合与协调，因地制宜开展乔木、灌木、花草等多种形式的绿化，林木绿化率达80%以上，形成绿色景观通道。

（12）农田林网：城市郊区农田林网建设按照国家林业局《生态公益林建设技术规程》要求达标。

（13）防护隔离林带：城市周边、城市组团之间、城市功能分区和过渡区建有防护绿化隔离林带，缓解城市热岛、净化污染效应等效果显著。

（14）乡土树种使用：植物以乡土树种为主，乡土树种数量占城市绿化树种使用数量的 80% 以上。

（15）树种丰富度：城市森林树种丰富，新建城区某一个树种的使用数量不能超过树木总量的 20%。

（16）郊区森林自然度：郊区森林质量不断提高，其自然度应不低于 0.6。

（17）绿地硬化：新建森林公园等公共休闲绿地硬化面积不超过 5%。

（18）苗木规格：城市森林营造应以苗圃培育的大苗为主，不能从农村和山上移植古树、大树进城。

（19）森林保护：申请创建以来，没有发生严重非法侵占林地、破坏森林资源、滥捕乱猎野生动物等重大案件。

（20）生物多样性：注重保护和选用留鸟、引鸟树种植物以及其他有利于增加生物多样性的乡土植物，营造能够为野生动物生活、栖息的自然生境。

（21）林地土壤保育：积极改善与保护城市森林土壤环境，尽量利用木片等有机覆盖物保育土壤，减少城市水土流失和粉尘来源。

（22）森林游憩：加强森林公园、湿地公园和自然保护区的基础设施建设，发展健身、休闲、采摘等多种形式的休闲观光林业，带动郊区经济发展，森林旅游收入逐年增加。

（23）乡村旅游：郊区乡村绿化/美化建设注重与观光、休闲等多种形式的生态旅游相结合，建立特色乡村生态休闲村镇。

（24）林产基地：建有特色经济林、林下种养殖、用材林等林业产业基地，农民涉林收入逐年增加。

（25）绿化苗圃：全市绿化苗圃生产基本满足本市绿化需要，苗木自给率达 80% 以上，并建有 1 处面积在 300 亩以上的优良乡土绿化树种培育基地。

（26）碳汇林业：建有城市碳汇林基地，鼓励企业和个人以积累碳汇为目的的造林和森林经营活动，自觉为减缓和应对气候变化做出努力。

（27）科普场所：在森林公园、湿地公园、植物园、动物园、自然保护区等公众游憩地，设有专门的科普小标牌、科普宣传栏、科普馆等生态知识教育场所。

（28）义务植树：认真组织全民义务植树，广泛开展城市绿地认建、认养、认管等多种形式的社会参与绿化活动，建立义务植树登记卡和跟踪制度，全民义务植树尽责率达 80% 以上。

（29）科普活动：每年举办市级生态科普活动 5 次以上。

（30）古树名木：古树名木管理规范，档案齐全，保护措施到位，古树名木保护率达 100%。

（31）市树市花：已确定市树、市花，并在城乡绿化中广泛应用。

（32）公众态度：公众对森林城市建设的支持率和满意度应 ≥ 90%。

（33）法规制度：国家和地方有关林业、绿化的方针、政策、法规得到有效贯彻执行，相关法规和管理制度配套齐全。

（34）组织领导：政府高度重视、大力开展城市森林建设，创建工作指导思想明确，组织机构健全，政策措施有力，成效明显。

（35）投入机制：政府主导，多渠道投入，把城市森林作为城市生态基础设施建设的重要内容，包括乡村绿化在内的建设资金和日常管护费用有保障并纳入各级政府公共财政预算，申请创建以来，城市森林建设资金逐年增加。

（36）科学规划：编制《森林城市建设总体规划》，并通过政府审议、颁布实施2年以上，能按期完成年度任务，并有相应的检查考核制度。

（37）科技支撑：城市森林建设有长期稳固的科技支撑，制订了包括森林营造、管护和更新等技术手册，有一定的专业科技人才保障。

（38）生态服务：市政府财政投资建设的森林公园、湿地公园以及各类城市公园绿地全部免费向公众开放，最大限度的让公众享受森林城市建设成果。

（39）生态监测：开展城市森林生态功能监测，准确掌握和核算城市森林生态功能效益，为建设和发展城市森林提供科学依据。

（40）档案管理：城市森林资源管理档案完整、规范。城市森林相关技术图件齐备，实现信息化管理。

同《城市园林绿化评价标准》一样，这些指标多数是针对城市提出的，我们在从事城市局部的设计时，应该考虑城市整体满足这些条件。而该评价标准提出了森林自然度的概念，值得在分地块尺度的城市设计中借鉴，该指标规定：

郊区森林自然度：是指区域内森林资源原生乡土树种群落变量，可用公式表示为：

$$N = \sum_{i=1}^{V} M_i \cdot Q_i \Big/ \sum_{i=1}^{V} M_i \qquad (i = \mathrm{I}, \ \mathrm{II} \cdots\cdots \mathrm{V})$$

式中　　N——区域森林自然度；

　　　　M_i——区域内自然度等级为 i 的森林群落面积；

　　　　Q_i——区域内自然度等级为 i 的森林群落权重。一般根据森林群落类型或种群结构
　　　　　　　特征位于次生演替中的阶段划分等级。

4. 比特利（Timothy Beatley）在《合生城市》一书中提出的合生城市标准指标体系

2010年，《合生城市——将自然融入城市规划设计》一书中，比特利提出了一个大致符合"合生城市"的指标体系，包含：

（1）亲近生物的条件和基础设施

100m内可抵达公园或绿地的人口占总人口的百分比。例如：纽约规划的目标是到2030年所有市民都能在10min内步行至公园和绿色空间。证据表明100m以内的公园绿

地被使用的程度最高；也许明智的目标是在100m内为所有居民至少提供一处公园或绿地。

存在连续统一的生态网络；从屋顶至区域的绿色城市化区域。例如：芬兰赫尔辛基的区域性连通绿色空间网络；科斯库普斯托（Keskupuesto）公园构成一个完整的从城镇边缘古老森林到城市中心的绿楔。

全市土地总面积中野生或半野生自然环境所占的百分比。例如：城市不仅要提供正式的公园、种草的交通隔离带和有异国情调的园林绿化，而且必须有居民可以看到和体验到本地野生或半野生自然环境的地方——森林、湿地、草地和原生植被。在澳大利亚珀斯（Perth，Australia）两大公园——博得（Bold Park）公园和国王公园（King's Park）——大部分选址在原生灌木丛里。日本名古屋（Nagoya）已经将其用地的10%预留给自然保护区。10%看起来是一个理性、趋小的目标。

城市的森林覆盖率。例如："美国森林"组织推荐大都市区森林树冠覆盖率达到40%的目标，郊区稍高，城市中心区稍低。巴西圣保罗市（Sao Paulo）努力保护大西洋森林，能管辖面积大约20%的茂密森林。

绿色城市设施的数量和适用范围（例如，屋顶绿化、墙面绿化和树木）。例如：每1000名居民，或至少每个城市街区应有一个绿色屋顶或其他绿色城市设施。以芝加哥为例，现有超过500个绿色屋顶。

人均步行小路的里程数。例如：阿拉斯加的安克雷奇（Anchorage, Alaska）有高达250英里长的步行小路，有大约280000人口，即每千人拥有大约1英里的步行小道，这一水平相对较高，这些小径各季节都能使用，在城市范围内促进市民与郊野的结合。

社区花园和园林地的数量（总数和人均数）；到达社区花园区的路径。例如：西雅图（Seattle）的"社区补丁"计划已经树立了目标：至少每2500城市居民一处社区花园。

（2）合生活动

在自然、户外俱乐部或户外组织里的经常活动的人占总人口的百分比；这类城市活动组织的数目。例如许多城市居民都在自然、观鸟或园艺俱乐部，及其他促进联系自然及户外活动的组织里经常活动。一个合理的目标是城市里至少四分之一的人口参与一个或多个这样的组织。

从事自然恢复和参加志愿者活动的人口的百分比（例如，城市灌木保护），以及总人数。例如：澳大利亚的布里斯班有124个保护灌木的组织（称为"布里斯班人居组织"）和2500个经常参与活动的志愿者；该市人口大约1百万，这代表仅有0.0025的参与率。最低目标看来也许是一个城市1%～5%人口积极参与灌木保护工作。

居民在户外活动时间的百分比（可能因气候的变化而不同）。例如：目前，大多数美国人每天只有约5%的时间从事户外活动。设立15%～20%的目标是合理可行的，甚至可以更高，取决于气候和潮流因素。

居民中积极从事园艺的人的百分比（包括在阳台、屋顶和社区园艺活动）。例如：最近的调查表明不列颠哥伦比亚省的温哥华（Vancouver）至少有44%的居民自行种植农作物。

学校的户外游戏和休息时间的长短。例如：芬兰的学校在上学期间每个教学间隙都提供户外游戏的机会（基本上每隔45min）。

（3）合生的态度和知识

能识别本地动植物常见品种的人口占总人口的百分比。例如：至少三分之一城里的居民应该能够正确地识别本地常见鸟类的品种，如在弗吉尼亚州里士满（Richmond，Virginia）应能正确认出北美主红雀（cardinal）。

居民对他们周围自然世界感到好奇的程度（可通过调研或社会实验来分析和衡量）。例如：一个城市的居民平均每天要花三十分钟的时间观看、探索，或者学习他们周围的自然环境。美国一批地方和州政府做了自然认识调查调研，收集居民用在观看和体验自然上的总时间，还调查居民对当地动植物品种的认识程度。以佛罗里达野生动物扩展服务处（Florida Wildlife Extension Service）推出的"佛罗里达州后院里的野生动物栖息地"计划为例，在申请注册的表格里询问诸如以下的问题："你能不费力地认出一些成年佛罗里达蝴蝶吗？（是 / 否）如果是，有多少种？"和"平均而言，每周你会花多少分钟时间在你的庭院里观看蝴蝶等昆虫和蜘蛛？"一些学术组织和大学研究人员也收集类似的关于当地自然的信息，这些信息也可用来构建有价值的模型。例如，在新西兰惠灵顿的一个有趣的鸟类知识研究中，帕克（Parker 2009）让居民辨认六种当地鸟类品种（通过在问卷表上的照片）；另见阿彻（Archer）和比尔（Beale）（2004）。

（4）合生制度和治理

通过当地的生物多样性行动计划或战略。例如世界各地的许多城市已经准备好生物多样性行动计划，例如爱尔兰的都柏林和南非的开普敦。

本地合生组织所达到的程度，例如是否有经常开放的自然历史博物馆或植物园。例如美国如美国俄亥俄州克里夫兰（Cleveland，Ohio）市，同时拥有一个本地植物园和自然史博物馆。一个合理的目标是保证城市有市政机构和管理能力，用以推进合生的活动和教育。

对环境教育的重视程度。例如许多城市学校有户外教室和教育工作，将传统领域（科学和数学）的教学与和自然相关的动手活动结合起来。合理的目标是：至少半数公共学校采用这种举措。

用在自然保护、娱乐、教育和相关活动中的投资占预算的比例。例如：尽管少有比较研究，合理的目标是至少5%的城市预算应该投入到自然保育、教育和恢复中。

采用绿色建筑和规划规范、赠款项目、高密度奖金、鼓励绿地以及保持天空黑暗的照明标准。例如美国的许多城市，如西雅图和波特兰，有市政规定，授权或鼓励绿色特征与原始设计。一个城市的规划法律应该包括一系列奖励措施（例如，高密度奖励）和要求（如绿地率）来鼓励绿色城市要素。

城市支持的合生试点项目和方案的数量。例如：许多城市，如芝加哥，为新的绿色设计理念提供技术和财政支持。一个城市应该有至少五个合生试点项目或计划。

5. 柏林、马尔默、西雅图等城市采用的生境面积系数、绿色系数、绿色步数等

柏林开始采用"生境面积系数"（BAF，BFF 或 Biotopflächenfaktor）这一概念，这是一项在城市中心区控制各类不同种类绿地的低限指标。 这一做法也在其他欧洲城市采用（例如瑞典马尔默），通常也称作绿色步数指标。西雅图、华盛顿成为首批采用该方法的美国城市，并称之为"绿色系数"。西雅图绿色系数要求超过 4000 平方英尺（约 372m²）的新建开发必须包含足够多的绿色或景观元素，通常是用百分比表示的绿地面积。通过采用景观种类折算系数表，开发中的等效纯绿地面积必须超过 0.30（也就是相当于地块面积 30% 为纯绿地）。 开发人员为生态蓄洪池（例如雨水花园）、小树林、绿屋顶、绿化墙面、水景、可渗水铺装规定了不同的等效纯绿地系数。从 2007 年元月开始，60 余个项目开始用这个方法做了评估。近来该系统为下面的情况提供奖励：采用耐旱植物或本地植物，采用雨水收集系统，景观环境美化和生产粮食。采用绿色系数体系一个好处是，开发商可以根据情况更灵活地选择他们希望采用的不同的种类的绿地。

6. 负氧离子浓度

一般情况下，森林环境中的空气负离子浓度都要高于城市环境。因而也可以用负氧离子的浓度来检验一块城市用地的生态情况。负氧离子对人体健康有较多好处，而被称为"空气维生素"。空气负离子浓度是指单位体积空气中的负离子数目，其单位通常采用：个 /cm³。

空气负氧离子是指带负电荷的氧离子，无色无味，其含量是衡量空气质量好坏的重要指标。世界卫生组织规定：清新空气的负氧离子标准浓度为 1000 ～ 1500 个 /cm³ [43]。

7. 园林植物选择指标

如《公园设计规范》CJJ 48—92 规定，儿童游戏场的植物选用应符合下列规定：

（1）乔木宜选用高大荫浓的种类，夏季庇荫面积应大于游戏活动范围的 50%；

（2）活动范围内灌木宜选用萌发力强、直立生长的中高型种类，树木枝下净空应大于 1.8m。露天演出观众席范围内不应布置阻碍视线的植物，观众席铺栽草坪应选用耐践踏的种类。

停车场的种植应符合下列规定：

（1）树木间距应满足车位、通道、转弯、回车半径的要求；

（2）庇荫乔木枝下净空的标准：

①大、中型汽车停车场：大于 4.0m；

②小汽车停车场：大于 2.5m；

③自行车停车场：大于 2.2m。

成人活动场的种植应符合下列规定：

（1）宜选用高大乔木，枝下净空不低于 2.2m；

（2）夏季乔木庇荫面积宜大于活动范围的 50%。

4.5.3　与提高合生舒适度有关的计算机软件

麦克·哈格（Ian Lennox McHarg）首开用"千层饼叠图"的方法研究自然与人工建造之间的关系，在里士满大道工程中，用叠图法求得"社会损失最少而收益最大"的选线方案，这种千层饼的方法，在后来发展成为计算机地理信息系统（GIS），基于 GIS 和一些插件，我们可以对基地的光照、地形等条件进行分析，结合遥感，得到目前所在的植物生长的一些情况。

还有一些软件可对合生城市和建筑环境进行三维建模和光影渲染表达，如 VUE、Lumion、LumenRT 等。

在建筑 BIM 系统里，也有一些帮助建筑师进行植物选种的软件，如 Chief Architect 的景观植物选种功能，它可以根据场地在美国的位置，给出当地植物物种选择，不过该软件暂时不提供中国植物的选择情况。景观植物选种功能，它可以根据场地在美国的位置，给出当地植物物种选择，不过该软件暂时不提供中国植物的选择情况。一些工程 BIM 软件，帮助建筑师更好地处理天然地形、灌溉系统等与自然环境有关的设计项目，如 AutoDesk Civil3D。

另有一些软件可以帮助建筑师更好地了解自然界，如在手机端安装的"拍照识花"软件，它允许拍摄者拍摄花朵的照片，上传给网站，网站将会告诉拍摄者这种花的名字。识别比较准确，速度比较快。此外还有一些认识蝴蝶、星空、

在 VR 环境下，有许多探索自然环境的软件，如 Steam 平台下的 theBLU，允许建筑师通过戴上 VR 头盔（HTC VIVE）探索海底自然环境。

这些软件从各个方面，拉近了建筑师与自然的关系，利于建筑师做出更合生（Biophilic）的方案来（表 4-25）。

各类与合生舒适度有关的软件名称与功能　　　　　　　　　　　　　表 4-25

软件名称	开发者、开发公司	软件功能	说明
ArcGIS	美国环境系统研究所公司（ESRI 公司）	地理信息系统的平台，提供地理数据显示、制图、管理、分析、创建和编辑	综合的、可扩展的 GIS 软件平台
MapInfo	美国 MapInfo 公司	数据可视化、信息地图化，进行地理信息系统分析	功能强大，操作简便的桌面地图信息系统

软件名称	开发者、开发公司	软件功能	说明
ENVI	美国 Exelis Visual Information Solutions 公司	遥感图像处理，快速、便捷、准确地从地理空间影像中提取信息	先进、可靠的影像分析工具，可与 ArcGIS 的整合
VUE	E-on Software 公司	3D 自然环境的动画制作和渲染	有很多不同的产品，可满足不同的需要
Lumion	荷兰 ACT-3D 公司	3D 可视化工具，实时观察较逼真的设计场景，渲染图像与静帧视频	内含各类动植物模型，能够提供优秀的图像，并将快速和高效工作流程结合在一起
LumenRT	E-on Software 公司	一步实现虚拟建筑环境可视化	利用三维的仿真技术，能够直接、方便地模拟出各种建筑、环境设施
Chief Architect	Chief Architect 公司	3D 家居设计，可视化的三维自动化构建	精彩的建筑家居设计软件，拥有功能强大的构建工具
Civil3D	Autodesk	二维制图与三维动态工程建模	具有大的数据分析能力，动态关联的路线设计功能，以及普遍使用的土方计算能力
拍照识花	福建天晴数码有限公司	通过图像识别技术，鉴别照片中花卉植物的品类	基于卷积神经网络的计算深度学习技术
The BLU	美国 WeVR 公司	虚拟现实休闲场景体验	在不同的栖息地中，与世界面对面互动
National Parks	National Geographic	介绍美国最值得参观的 25 个国家自然公园	
Tree Pro	Nature Mobile	这是一款专业介绍"树种"的软件，免费版介绍了欧洲和北美常见的 40 多种树种	
Birds Lite	National Geographic	包含了北美常见的 995 种鸟类，每个品种都配有精美彩图的解释，包括下属种类，幼鸟时期以及季节性羽毛变化等等	
生态足迹计算器	WWF 中国基金会	根据生活方式计算普通居民一年的生态足迹	

4.5.4　提高合生舒适度的设计方法

1. 建筑师增进对自然界的认知，除开日常设计工作，经常到乡野郊外旅行，探求新知。

2. 熟悉当地自然环境和本地植物种类。

3. 设计中尽可能增加绿化面积，广泛引入垂直绿化和屋顶绿化等新型的绿化手段，尽量增加绿化的面积和容积。

4. 按更自然的原则去进行园林设计，适当增加园林植物群落的丰富性，巧妙利用自然循环来维护景观植物。

4.6 洁净舒适度 SC06

4.6.1 洁净舒适度的意义

清洁舒适的环境往往是人们的追求，清洁则是舒适的前提。相反地，环境污染已成为全球性的危机。在中国，已经衍生出十大环境问题，大气污染问题和水环境环境污染问题是首要的两大问题，严重影响到人们的生活舒适程度和健康。

根据国际能源署的报告，全球每年约有 650 万人因室内或室外空气污染而早逝。如果不采取行动，到 2040 年，室外空气污染引起的过早死亡将从现阶段 300 万人攀升到450 万人 [44]。加利福尼亚大学伯克利分校 2016 年 8 月份在科学杂志《PLOS One》上刊登的一份报告说，中国每年有 160 万人死于空气污染引起的疾病。

一个成年人每天呼吸大约 2 万多次，吸入空气达 15 ~ 20m³。大气污染物对人体的危害是多方面的，主要表现是呼吸道疾病与生理机能障碍，以及眼鼻等黏膜组织受到刺激而患病。如 1952 年 12 月 5 ~ 8 日英国伦敦发生的煤烟雾事件死亡 4000 人，人们把这个灾难的烟雾称为"杀人的烟雾"。

据世界权威机构调查，在发展中国家，各类疾病有 80% 是因为饮用了不卫生的水而传播的，每年因饮用不卫生水至少造成全球 2000 万人死亡。通过直接引用或食物链，水中的污染物进入人体使人急性或慢性中毒。世界上 80% 的疾病与水有关。伤寒、霍乱、胃肠炎、痢疾、传染性肝类是人类五大疾病，均由水中的污染物所致。

更深层次的是，环境污染会给人们带来很多心理上的刺激，如焦虑、抑郁、负面情绪增多，导致生活舒适度和幸福感降低。譬如，雾霾给人情绪与心理带来的负面影响似乎却被忽视了，曾有一份国内门户网站行的在线的健康调查显示：有 44.87% 的人在看到雾霾的时候感到害怕和恐惧，还有 22.43% 的人感到焦虑和烦躁；表示不能理性对待雾霾的人也达到了 72.67%；认为在雾霾天里心情变得比较低落的人的比例甚至高达 82.29%。而水污染也削弱着水体在景观环境中的作用，在水质污染严重的地方，水不但没有起到美化环境、为人们提供休闲游憩的功能，甚至已经影响到居民的正常生活，其在环境中的重要价值也逐渐在流失。

4.6.2 常见的与洁净舒适度有关的指标与相关规范

1. 废弃物控制指标

在我国 1997 年发布的《城市环境卫生质量标准》中，规定了道路保洁范围并划定了道路保洁等级，各等级道路路面废弃物指标应符合规定，且在同一单位长度内，不得超过各单项废弃物总数的 50%（表 4-26）。

路面废弃物控制指标 表 4-26

废弃物	一级	二级	三级	四级
果皮（片 /1000m²）	≤ 4	≤ 6	≤ 8	≤ 10
纸屑、塑膜（片 /1000m²）	≤ 4	≤ 6	≤ 10	≤ 12
烟蒂（个 /1000m²）	≤ 4	≤ 8	≤ 10	≤ 15
痰迹（处 /1000m²）	≤ 4	≤ 8	≤ 10	≤ 15
污水（m² /1000m²）	无	≤ 0.5	≤ 1.5	≤ 2.0
其他（处 /1000m²）	无	≤ 2	≤ 6	≤ 8

图表来源：城市环境卫生质量标准 [S]. 1997。

《城市环境卫生质量标准》还对主要公共场所的环境卫生进行规定，如公共广场地面废弃物控制指标（表 4-27）。

公共广场地面废弃物控制指标 表 4-27

广场类型	瓜果皮壳（片 /100m²）	纸片塑膜（片 /100m²）	烟蒂（片 /100m²）	痰迹（处 /100m²）	其他杂物（处 /100m²）
文化娱乐广场	≤ 1	≤ 1	无	无	≤ 1
机场	≤ 1	≤ 1	无	无	≤ 1
火车站、码头	≤ 1	≤ 1	≤ 1	≤ 2	≤ 1
体育场馆	≤ 1	≤ 1	≤ 1	≤ 3	≤ 1
长途车站	≤ 1	≤ 2	≤ 2	≤ 3	≤ 2
大型公共广场	≤ 1	≤ 3	≤ 3	≤ 3	≤ 3

图表来源：城市环境卫生质量标准 [S]. 1997。

2. 空气污染物浓度限值

在 2016 年 1 月 1 日起实施的《环境空气质量标准》GB 3095—2012 中，规定了环境空气功能区分类、标准分级、污染物项目、平均时间及浓度限值、监测方法、数据统计的有效性规定及实施与监督等内容。

标准将环境空气功能区分为两类：一类区为自然保护区、风景名胜区和其他需要特殊保护的区域；二类区为居住区、商业交通居民混合区、文化区、工业区和农村地区。标准对一、二类环境空气功能区空气污染物的浓度限值要求如表 4-28、表 4-29 所示。

环境空气污染物基本项目浓度限值 表 4-28

序号	污染物项目	平均时间	浓度限值		单位
			一级	二级	
1	二氧化硫（SO₂）	年平均	20	60	μm/m³
		24 小时平均	50	150	

续表

序号	污染物项目	平均时间	浓度限值		单位
			一级	二级	
1	二氧化硫（SO_2）	1 小时平均	150	500	$\mu m/m^3$
2	二氧化氮（NO_2）	年平均	40	40	
		24 小时平均	80	80	
		1 小时平均	200	200	
3	一氧化碳（CO）	24 小时平均	4	4	mg/m^3
		1 小时平均	10	10	
4	臭氧（O_3）	日最大 8 小时平均	100	160	
		1 小时平均	160	200	
5	颗粒物（粒径小于等于 10μm）	年平均	40	70	$\mu m/m^3$
		24 小时平均	50	150	
6	颗粒物（粒径小于等于 2.5μm）	年平均	15	35	
		24 小时平均	35	75	

图表来源：环境空气质量标准 [S]. GB 3095—2012，原表 1。

环境空气污染物其他项目浓度限值　　　　表 4-29

序号	污染物项目	平均时间	浓度限值		单位
			一级	二级	
1	总悬浮颗粒物（TSP）	年平均	80	200	$\mu g/m^3$
		24 小时平均	120	300	
2	氮氧化物（NO_x）	年平均	50	50	
		24 小时平均	100	100	
		1 小时平均	250	250	
4	铅（Pb）	年平均	0.5	0.5	
		季平均	1	1	
5	苯并 [a] 芘（BaP）	年平均	0.001	0.001	
		24 小时平均	0.0025	0.0025	

图表来源：环境空气质量标准 [S]. GB 3095—2012，原表 2。

3. 空气质量指数（AQI）

空气质量指数（AQI）是定量描述空气质量状况的无量纲指数。为我国环境保护部于 2012 年 2 月发布的《环境空气质量指数（AQI）技术规定（试行）》HJ 633—2012 中对环境空气质量进行分级采用的指标。

该标准中，单项污染物的空气质量指数称为空气质量分指数（IAQI），将 AQI 大于 50 时 IAQI 最大的空气污染物定义为首要污染物，将浓度超过国家环境空气质量二级标准的污染物，即 IAQI 大于 100 的污染物定义为超标污染物。

空气质量分指数及对应的污染物项目浓度限值　　　　表 4-30

空气质量分指数（IAQI）	污染物项目浓度限值									
	二氧化硫（SO₂）24小时平均/（μg/m³）	二氧化硫（SO₂）1小时平均/（μg/m³）①	二氧化氮（NO₂）24小时平均/（μg/m³）	二氧化氮（NO₂）1小时平均/（μg/m³）①	颗粒物（粒径小于等于10μm）24小时平均/（μg/m³）	一氧化硫（CO）24小时平均/（mg/m³）	一氧化硫（CO）1小时平均/（mg/m³）①	臭氧（O₃）1小时平均/（μg/m³）	臭氧（O₃）8小时滑动平均/（μg/m³）	颗粒物（粒径小于等于2.5μg）24小时平均/（μg/m³）
5	0	0	0	0	0	0	0	0	0	0
50	50	150	40	100	50	2	5	160	100	35
100	150	500	80	200	150	4	10	200	160	75
150	475	650	180	700	250	14	35	300	215	115
200	800	800	280	1200	350	24	60	400	265	150
300	1600	②	565	2340	420	36	90	800	800	250
400	2100	②	750	3090	500	48	120	1000	③	350
500	2620	②	940	3840	600	60	150	1200	③	500

①二氧化硫（SO₂）、二氧化氮（NO₂）和一氧化碳（CO）的1小时平均浓度限值仅用于实时报，在日报中需使用相应污染物的24小时平均浓度限值。

②二氧化硫（SO₂）1小时平均浓度值高于800μg/m³的，不再进行其空气质量分指数计算，二氧化硫（SO₂）空气质量分指数按24小时平均浓度计算的分指数报告。

③臭氧（O₃）8小时平均浓度值高于800μg/m³的，不再进行其空气质量分指数计算，臭氧（O₃）空气质量分指数按1小时平均浓度计算的分指数报告。

图表来源：环境空气质量指数（AQI）技术规定（试行）[S]. HJ 633—2012，原表1。

　　污染物项目 P 的空气质量分指数计算方法：

$$IAQI_p = \frac{IAQI_{Hi} - IAQI_{Lo}}{BP_{Hi} - BP_{Lo}}(C_p - BP_{Lo}) + IAQI_{Lo}$$

式中　　$IAQI_p$——污染物项目 P 的空气质量分指数；

　　　　C_p——污染物项目 P 的质量浓度值；

　　　　BP_{Hi}——表中与 C_p 相近的污染物浓度限值的高位值；

　　　　BP_{Lo}——表中与 C_p 相近的污染物浓度限值的低位值；

　　　　$IAQI_{Hi}$——表中与 BP_{Hi} 对应的空气质量分指数；

　　　　$IAQI_{Lo}$——表中与 BP_{Lo} 对应的空气质量分指数。

　　空气质量指数级别划分见表 4-31：

　　4. 水环境质量标准基本项目标准值

　　《地表水环境质量标准》GB 3838—2002 按照地表水环境功能分类和保护目标，规定了水环境质量应控制的项目及限值（表 4-32）。依据地表水水域环境功能和保护目标，按功能高低依次划分为五类：Ⅰ类，主要适用于源头水、国家自然保护区；Ⅱ类，主要适用于集中式生活饮用水地表水源地一级保护区、珍稀水生生物栖息地、鱼虾类产卵场、仔稚幼鱼的索饵场等；Ⅲ类，主要适用于集中式生活饮用水地表水源地二级保护区、鱼虾类越冬场、洄游通道、水产养殖区等渔业水域及游泳区；Ⅳ类，主要适用于一般工业用水区及人体非直接接触的娱乐用水区；Ⅴ类，主要适用于农业用水区及一般景观要求水域。

　　对应地表水上述五类水域功能，将地表水环境质量标准基本项目标准值分为五类，不同功能类别分别执行相应类别的标准值。

空气质量指数及相关信息　　　　　　　　　　表 4-31

空气质量指数	空气质量指数级别	空气质量指数类别及表示颜色		对健康影响情况	建议采取的措施
0 ~ 50	一级	优	绿色	空气质量令人满意，基本无空气污染	各类人群可正常活动
51 ~ 100	二级	良	黄色	空气质量可接受，但某些污染物可能对极少数异常敏感人群健康有较弱影响	极少数异常敏感人群应减少户外活动
101 ~ 150	三级	轻度污染	橙色	易感人群症状有轻度加剧，健康人群出现刺激症状	儿童、老年人及心脏病、呼吸系统疾病患者应减少长时间、高强度的户外锻炼
151 ~ 200	四级	中度污染	红色	进一步加剧易感人群症状，可能对健康人群心脏、呼吸系统有影响	儿童、老年人及心脏病、呼吸系统疾病患者避免长时间、高强度的户外锻炼，一般人群适量减少户外运动
201 ~ 300	五级	重度污染	紫色	心脏病和肺病患者症状显著加剧，运动耐受力降低，健康人群普遍出现症状	儿童、老年人和心脏病、肺病患者应停留在室内，停止户外运动，一般人群减少户外运动
> 300	六级	严重污染	褐红色	健康人群运动耐受力降低，有明显强烈症状，提前出现某些疾病	儿童、老年人和病人应当留在室内，避免体力消耗，一般人群应避免户外活动

图表来源：环境空气质量指数（AQI）技术规定（试行）[S]. HJ 633—2012，原表 2。

地表水环境质量基本项目标准限值　　　　　　表 4-32

序号	分类 标准值（mg/L） 项目		Ⅰ类	Ⅱ类	Ⅲ类	Ⅳ类	Ⅴ类
1	水温（℃）		人为造成的环境水温变化应限制在： 周平均最大温升 ≤ 1 周平均最大温降 ≤ 2				
2	pH 值（无量纲）		6 ~ 9				
3	溶解氧	≥	饱和率 90%（或 7.5）	6	5	3	2

续表

序号	分类 标准值（mg/L） 项目		I 类	II 类	III 类	IV 类	V 类
4	高锰酸盐指数	≤	2	4	6	10	15
5	化学需氧量（COD）	≤	15	15	20	30	40
6	五日生化需氧量（BOD_5）	≤	3	3	4	6	10
7	氨氮（NH_3-N）	≤	0.15	0.5	1	1.5	2
8	总磷（以 P 计）	≤	0.02 （湖、库 0.01）	0.1 （湖、库 0.025）	0.2 （湖、库 0.05）	0.3 （湖、库 0.1）	0.4 （湖、库 0.2）
9	总氮（湖、库，以 N 计）	≤	0.2	0.5	1.0	1.5	2.0
10	铜	≤	0.01	1.0	1.0	1.0	1.0
11	锌	≤	0.05	1.0	1.0	2.0	2.0
12	氟化物（以 F^- 计）	≤	1.0	1.0	1.0	1.5	1.5
13	硒	≤	0.01	0.01	0.01	0.02	0.02
14	砷	≤	0.05	0.05	0.05	0.1	0.1
15	汞	≤	0.00005	0.00005	0.0001	0.001	0.001
16	镉	≤	0.001	0.005	0.005	0.005	0.01
17	铬（六价）	≤	0.01	0.05	0.05	0.05	0.1
18	铅	≤	0.01	0.01	0.05	0.05	0.1
19	氰化物	≤	0.005	0.05	0.02	0.2	0.2
20	挥发酚	≤	0.002	0.002	0.005	0.01	0.1
21	石油类	≤	0.05	0.05	0.05	0.5	1.0
22	阴离子表面活性剂	≤	0.2	0.2	0.20	0.3	0.3
23	硫化物	≤	0.05	0.1	0.2	0.5	1.0
24	粪大肠菌群（个 /L）	≤	200	2000	10000	20000	40000

图表来源：地表水环境质量标准 [S]. GB 3838—2002，原表 1。

　　依据《地表水环境质量标准》GB 3838—2002，我国环境保护部于 2011 年 3 月印发了《地表水环境质量评价办法（试行）》，用于评价全国地表水环境质量状况。其中地表水水质评价指标为除水温、总氮、粪大肠菌群以外的 21 项指标。水温、总氮、粪大肠菌群作为参考指标单独评价（河流总氮除外）。

　　《地表水环境质量评价办法（试行）》中，对河流、湖泊、水库的水质的评价需先评价断面水质，采用单因子评价法，即根据评价时段内该断面参评的指标中类别最高的一项来确定（表 4-33）。

断面水质定性评价　　　　　　　　　表 4-33

水质类别	水质状况	表征颜色	水质功能类别
Ⅰ～Ⅱ类水质	优	蓝色	饮用水源地一级保护区、珍稀水生生物栖息地、鱼虾类产卵场、仔稚幼鱼的索饵场等
Ⅲ类水质	良好	绿色	饮用水源地二级保护区、鱼虾类越冬场、洄游通道、水产养殖区、游泳区
Ⅳ类水质	轻度污染	黄色	一般工业用水和人体非直接接触的娱乐用水
Ⅴ类水质	中度污染	橙色	农业用水及一般景观用水
劣Ⅴ类水质	重度污染	红色	除调节局部气候外，使用功能较差

图表来源：环境保护部办公厅. 关于印发《地表水环境质量评价办法（试行）》的通知 [Z]. 2011-3-9。

又规定了当河流、流域（水系）的断面总数少于 5 个时，计算所有断面各评价指标浓度算术平均值，然后再按照断面水质评价方法评价。当河流、流域（水系）的断面总数在 5 个（含 5 个）以上时，采用断面水质类别比例法，即根据评价河流、流域（水系）中各水质类别的断面数占所有评价断面总数的百分比来评价其水质状况。河流、流域（水系）水质类别比例与水质定性评价分级的对应关系如表 4-34 所示。

河流、流域（水系）水质定性评价分级　　　　　表 4-34

水质类别比例	水质状况	表征颜色
Ⅰ～Ⅲ类水质比例≥ 90%	优	蓝色
75%≤Ⅰ～Ⅲ类水质比例＜ 90%	良好	绿色
Ⅰ～Ⅲ类水质比例＜ 75%，且劣Ⅴ类比例＜ 20%	轻度污染	黄色
Ⅰ～Ⅲ类水质比例＜ 75%，且 20%≤劣Ⅴ类比例＜ 40%	中度污染	橙色
Ⅰ～Ⅲ类水质比例＜ 60%，且劣Ⅴ类比例≥ 40%	重度污染	红色

图表来源：环境保护部办公厅. 关于印发《地表水环境质量评价办法（试行）》的通知 [Z]. 2011-3-9。

湖泊、水库单个点位的水质评价，按照断面水质评价方法进行。若一个湖泊、水库有多个监测点位，计算湖泊、水库多个点位各评价指标浓度算术平均值，然后按照断面水质评价方法评价。

4.6.3　洁净舒适度的计算机模拟

国内外对空气洁净度的计算机模拟主要依赖综合性的流体力学软件和各类空气质量模型。空气质量模型是用气象原理和数学方法来模拟大气污染物的扩散和反应的物理和化学过程。这些模型可以模拟直接排入大气的一次污染物和由于复杂的化学反应形成的二次污染物。近些年来，空气质量模型模拟已较为成熟，已被广泛应用于环境影响评价、环境管理和重大事件决策上。在北京奥运会、上海世博会等重大事件的空气质量保障及我国"十二五"主要大气污染物总量控制、重点区域大气污染联防联控规划中发挥了重要作用。

在研究地表水污染和问题时，主要用到地表水水质模型通用软件，水质模型至今已有 70 多年的历史。最早的水质模型是于 1925 年在美国俄亥俄河上开发的斯特里特—菲尔普斯模型。现代水质模型因其复杂性一般应用计算机来完成其各种复杂的数值解法。

各类与洁净舒适度有关的软件见表 4-35。

各类与洁净舒适度有关的软件名称与功能 表 4-35

软件模型名称	开发者、开发公司	软件功能	说明
Phoenics	英国 D.B.Spalding 教授及 40 多位博士	污染物浓度扩散预测	较为准确和直观的模拟污染情况，方法简便
Flunet	美国 FLUENT Inc. 公司	污染物扩散的数值和过程模拟	内部包含雷诺应力模型及大涡模拟模型，对模拟大气湍流流场具有较好适用性
GIS	国内外 GIS 开发商	对大气、水环境中污染物扩散进行动态分析模拟评价	利用 DEM（数字高程模型）可对地形起伏较大和下垫面复杂地区模拟
SLAB 模型	美国能源部劳伦斯 - 利弗莫尔国家实验室	模拟平坦地形条件下的重气体扩散	模型不计算源的排放速率，假设所有源的输入条件均由外界决定
DEGADIS 模型	美国海岸警卫队和气体研究院	泄漏扩散的预测模型，分析评估高危险性的高密度燃气或气溶胶泄漏事故后果	概念清晰、计算量较小。假定速度和浓度的相似分布
ALOHA 模型	美国国家环境保护局与国家海洋和大气管理局	模拟预测化学品泄漏引起的危害、毒气浓度范围及可燃性气体爆炸所能波及的范围	对突发性环境污染事件进行环境风险分析，适用于中小尺度事故的模拟
HYSPLIT 模型	美国国家环境保护局与国家海洋和大气管理局	计算和分析大气污染物输送、扩散轨迹	采用变化的气象场，适用于大时空尺度的直接泄漏事故的模拟
ISC3 模型	美国环保局	处理各种烟气抬升和扩散过程，模拟多种污染源	操作简单，需要的输入数据相对较少，有局限性
ADMS 模型	英国剑桥研究院	模拟城市区域内工业、道路交通和民用生活等污染源产生污染物在大气中的扩散	功能强大，是目前国企大气扩散主流模式
AERMOD 模型	美国气象学会和美国环保局	模拟和预测乡村环境和城市环境、平坦地形和复杂地形、低矮面源和高架点源等多种排放扩散情形的	适用于固定工业源排放的扩散模型
CALPUFF 模型	西格玛研究公司（Sigma Research Corporation）	模拟三维流场随时间和空间发生变化时污染物在大气环境中的输送、转化和清除过程	更好的处理长距离污染物传输，适合于粗糙、复杂地形条件下的模拟
Models-3	美国环保局	模拟多种空气污染及其相互转化过程	较好地模拟大气污染物的分布特征和变化规律
Aquaveo SMS/GMS	美国 AquaVeo LLC 公司	水资源和水污染模拟	可以与种类繁多的数字模型交互

续表

软件模型名称	开发者、开发公司	软件功能	说明
QUAL2.E	美国塔夫茨大学和美国EPA水质模型中心环境研究室	模拟完全混合的支状河流水质	综合性强、多样化且灵活通用，模拟弹性大
WASP	美国环保局环境研究实验室	一维、二维、三维的水质分析模拟	使用较为广泛、结构灵活、普适性较好
CEQUAL RIVI	美国实验站	模拟河川条件、河流系统及水质	可模拟水流和水质梯度很陡的情况

4.6.4　提高洁净舒适度的方法

1. 在城市规划中，工业生产区应设在城市主导风向的下风向。工业区和城市生活区要保持一定空间距离。对现有位置不合理、污染严重、废气处理无望的企业要实行关、停、并、转、迁等措施。

2. 严格控制污染物排放量，在污染物进入大气前使用技术手段吸收降低污染物含量。推进无污染能源（太阳能、风能、水力发电）的使用。

3. 绿化造林是处理空气中污染物的有效措施，植物有吸收各种有毒有害气体和净化空气的功能，是天然的空气净化器。茂密的树林可以降低风速，使气流挟带的大颗粒灰尘下降。

4. 适当推行人工净化技术，如西安市长安区的除霾塔，是一个大型太阳能城市空气清洁综合系统，通过去除大气环境中的 $PM_{2.5}$ 及 NO_x、SO_2 等雾霾形成的关键前体物，从而有效控制雾霾形成。

5. 结合区域水环境特点，拟定合理的水环境治理保护方案，进行水环境质量评估、水功能区的划分、运用模拟研究方法制定保护和优化水环境的方案。

6. 用自然生态净化方式改善水环境，将净水设施埋于地下或河道中，在源头控制水污染。重视水生动植物对水体的净化能力，重新构建完整的生态系统。

4.7　触感、质感舒适度 SC07

4.7.1　触感、质感舒适度的意义

触感，是与五觉中肤觉有关的概念。在哈利·哈洛的实验中，发现小猴对触摸有非常强烈的渴求。蚂蚁甚至发展出一套利用触角进行沟通的语言。匍匐在地上爬行的昆虫对地面震动非常敏感，以及早发现走近的大型动物。生活经验也告诉我们，如果宠物的主人顺毛皮的方向，抚摸小动物的脊背，小动物常常会因为感到舒适而安静下来。而人不仅可以通过触摸和直接接触来感知物体，而且因为不同的物体具有不同的色泽、凹凸、

光感，因而人也能通过视觉来判断物体表面的性质，这就把触感引申为质感了。

由于视觉和听觉信息在普通人的信息来源中占了绝大多数，普通情况下，人们对触感和质感并不特别在意。为了防水和防止磨损，在公共场合人们甚至于采用聚酯材料或用油墨印刷的瓷砖来模拟天然木地板。一般人也不能区分实木贴皮与真实木的区别。但是，特别场合下，有经验的人，仍然可以精确地区分这些不同建筑材料的质感。例如在电影《骇客帝国》里，贴近地毯的斋藤发现地毯不是纯羊毛的。这是编剧根据生活经验，设置的一处并不夸张的细节。

触感是营造高级气氛的有效工具，高级的手巾纸刻上花纹，在增加吸水接触面积的同时，能提供给手更好的感触。纸币也采用表面有细小纹理的凹版印刷工艺来防伪，这样油墨因为更厚实而不易蹭掉。与人的脚直接接触的地砖，通常造价要比墙砖更高，因为需要额外防滑处理。触感与材料的耐久度也有关系，石材在风沙中毁坏的速度比木、砖与砂浆都要慢得多，具有更接近建筑师追求的永久纪念的特性。触感甚至具有某种文化属性，如美国西部住宅，往往采用粗犷的天然材料，如原木、真实毛石，风格茅茨不翦，采椽不斫，这从一个侧面印证了西部牛仔四海为家，爱打抱不平的豪情。郁达夫在《故都的秋》里写道，"象花而又不是花的那一种落蕊，早晨起来，会铺得满地。脚踏上去，声音也没有，气味也没有，只能感出一点点极微细极柔软的触觉。扫街的在树影下一阵扫后，灰土上留下来的一条条扫帚的丝纹，看起来既觉得细腻，又觉得清闲，潜意识下并且还觉得有点儿落寞，古人所说的梧桐一叶而天下知秋的遥想，大约也就在这些深沈的地方。"这种"微细落寞"的触感无疑具有独特的"老北京"地方特色。

对视觉有障碍的残疾人来说，触觉有替代部分视觉信息的作用。如盲文、盲道都采用特殊的形态提供某种触觉信息。但这样的设计，有时候并未考虑残疾人使用上的舒适性，唯恐凸出不够清晰，结果盲道造成了轮椅颠簸，反而使用效果差。赵建波指导的盲人住宅设计，则采用了轻微不同质感的材料，做出了舒适度方面的尝试，提供了更含蓄、更高雅的触觉舒适度体验。工业社会中，交通除了噪声，还产生了令人不愉快的振动，如地铁线周围的场地，振动也通过触感被人感知。因而振动也是营造触感舒适度的组成部分之一。

有时候，触感舒适性取得的代价很大，如美国生产的"加拿大鹅牌"防寒服，帽檐封边采用狼毛，即使在极端寒冷的环境中仍能保持柔软，但捕狼的过程非常残忍、血腥。有时候，人对舒适的要求是无止境的。但物极必反，追求过度的舒适度，无疑会走向事物的反面，这一点在触感方面则尤甚。从进化的角度说，感觉和神经这座恢弘的大厦，其地基正是原始腔肠动物"触一发而动全身"的早期神经网，当声音和光线还远在混沌状态，触觉就已开始帮助原始大海里的生命感知到了"自我"的存在，触觉正是这样一种最原始、最深沉的感觉。

4.7.2　触感、质感舒适度的评价指标

触感、质感舒适度的评价指标，通常与采用产品或工法的标准有关。如平整度、光洁度等，而在有的城市设计导则中，则直接规定了地面材料的选用与做法。

1. 平整度

在室外环境舒适度的研究中，在此主要探讨路面平整度，指的是路表面纵向的凹凸量的偏差值，它是路面评价的一个重要指标，影响着人们行驶的舒适度。

目前，大部分国家以国际平整度指数（IRI）作为路面平整度规范，IRI 是美国国家公路研究计划（NCHRP）于 1978 在"反应类平整度系统的标定和关系"研究中提的概念。由一条单向纵断面计算得到，采用 1/4 车模型，以 80km/h 速度在已知断面上行驶，计算一定行驶距离内悬挂系统的累积位移作为 IRI。

《公路工程质量检验评定标准》JTG F80/1—2004 中规定了各类道路的 IRI 限值。交通部公路所 1998 年完成了"国际平整度指数 IRI 专项研究"，提出了 σ（mm）与 IRI（m/km）的关系 : $\sigma=0.6IRI$。在 98 版标准中引用该研究成果提出了 IRI 的规范值 [45]（表 4-36）。

《公路工程质量检验评定标准》中沥青混凝土路面平整度表　　　　表 4-36

平整度	规定值		检查方法和频率
	高速公路、一级公路	其他公路	
σ（mm）	1.2	2.5	平整度仪：全线每车道连续按每 100m 计算 IRI 或 σ
IRI（m/km）	2.0	4.2	
最大间隙 h（mm）	—	5	3m 直尺 : 每 200m² 测 2 处 ×10 尺

图表来源：公路工程质量检验评定标准 [s]. JTG F80/1—2004，原表 7.3.2。

2. 表面粗糙度

表面粗糙度是表面光洁度的另一称法。表面光洁度是按人的视觉观点提出来的，而表面粗糙度是按表面微观几何形状的实际提出来的，指加工表面具有的较小间距和微小峰谷的不平度。20 世纪 80 年代后，为与国际标准接轨，中国采用表面粗糙度而废止了表面光洁度。

相关的规范有《产品几何技术规范　表面结构　轮廓法　表面粗糙度参数及其数值》GB/T 1031—2009、《产品几何技术规范　表面结构 轮廓法　术语、定义及表面结构参数》GB/T 3505—2009/ISO 4287：1997 等，对表面粗糙度相关概念、参数和计算公式进行了说明。

3. 无障碍设施普及率

无障碍设计所针对的重点是从残疾人和老年人，无障碍设施普及率不但体现了一个

国家和地区的发展水平，表达了社会对弱势群体的关注度，同时也反映着人们生活的整体舒适程度。

我国《无障碍设计规范》GB 50763—2012 中规定了城市道路、城市广场、城市绿地、居住区与居住建筑、公共建筑、历史文物保护建筑的无障碍设计的范围和各类无障碍设施的设计要求。

4. 环境振级标准值

在我国的《城市区域环境振动标准》GB 10070 —88 和《城市区域环境振动测量方法》GB 10071—88 中，规定了城市区域环境振级标准值的检测方法和适用地带。其中按 ISO 2631/1：1985 规定的全身振动 Z 计权因子修正后得到的振动加速度级，记为 VLz，单位为分贝，dB。城市各类区域铅垂向 Z 振级标准值如表 4-37 所示。

城市各类区域铅垂向 Z 振级标准值		表 4-37
适用地带范围	昼间	夜间
特殊住宅区	65	65
居民、文教区	70	67
混合区、商业中心区	75	72
工业集中区	75	72
交通干线道路两侧	75	72
铁路干线两侧	80	80

图表来源：城市区域环境振动标准 [S]. GB 10070—88。

5. 全身振动暴露的舒适性降低界限

由于确定人对振动响应的因素较为复杂，且缺少关于人对振动的感觉与反应相一致的定量数据，评价人体对振动的反应是一个复杂的问题。国际标准化组织曾制定《人承受全身振动的评价指南》ISO 2631，又经过第二次修订后，可以量化与人的健康、舒适性和运动病发生有关的振动。我国参照其制定了《人体全身振动暴露的舒适性降低界限和评价准则》GB/T 13442—92，用以评价各种作业振动环境对人们舒适性的影响。其中提出了一些术语，包括：全身振动暴露，指承受着传输到整个身体的机械振动；舒适性降低界限，指保持人体舒适的振动参数界限，超过此限会引起舒适性降低；全身振动暴露的舒适性降低界限，舒适性降低界限（加速度均方根值）按振动频率（或 1/3 倍频程的中心频率）、暴露时间和振动作用方向的不同而异（图 4-5）。

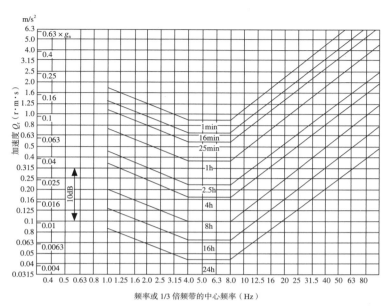

图 4-5　a_Z 加速度界限——舒适性降低限

图片来源：人体全身振动暴露的舒适性降低界限和评价准则 [S]. GB/T 13442—92。

4.7.3　触感、质感舒适度的计算机模拟

平整度和表面粗糙度等指标需要通过测定仪器的测量结果，代入方程解析，利用 MATLAB 自主的计算程序编写功能和强大的计算能力对结果进行分析评定。

在 BIM 技术的应用之下，可整合各种资源，系统化地为无障碍设计提供保障，促使规划设计中无障碍设施效用的实现。

提到如今的虚拟现实（Virtual Reality, VR），人们的第一反应都是 VR 眼镜或 VR 头显。但广义的 VR 指对现实五感的全面再现。实际上，已经有不少公司在开发可以模拟触觉的 VR 装备了，对触感、质感舒适度的模拟更为直观。

与触感、质感舒适度有关的软件见表 4-38。

各类与触感、质感舒适度有关的软件名称与功能　表 4-38

软件设备技术名称	开发者、开发公司	软件功能	说明
MATLAB	美国 MathWorks 公司	算法开发、数据可视化、数据分析以及数值计算。计算平整度指标 IRI 值；表面粗糙度参数计算评定，显示轮廓图形；模拟计算振动	编写递推矩阵的计算程序计算 IRI；最小二乘中线求解粗糙度；求解振动方程，显示振动位移
BIM 技术	Jerry Laiserin	智能化、数字化地仿真模拟建筑、道路、设施的无障碍功能	利用三维模拟技术和碰撞检查技术
Taclim 系统	日本 Cerevo 公司	佩戴的手部控制器和鞋子在 VR 中提供触觉反馈	可感受到在不同的表面行走的振动

软件设备技术名称	开发者、开发公司	软件功能	说明
Tactai Touch 触觉模拟设备	Tactai 公司	利用振动波来模拟物体的质感	使用者可产生触摸物体的感觉
Dexmo Exoskeleton 手部动作捕捉装置	Dexta Robotics 团队	模拟在虚拟现实中触摸物体的动作	感受到 VR 环境物体的尺寸，形状，弹性和硬度
VR 振动模拟设备	山东卡特智能机器人有限公司	体验过山车、汽车驾驶、地震等场景	体验上下左右振动的动作，而且振动频率会根据场景的振动剧烈程度来调整

4.7.4 提高触感、质感舒适度的方法

1. 填筑路堤时，首先进行原地的处理和坡面积地的处理，保证路基的施工质量，确保道路平整度符合要求。

2. 掌握机械加工中各种工艺对加工零件表面质量影响的规律，运用这些规律来控制产品加工的表面粗糙度。

3. 在新的 BIM 技术创新理念下，利用不同软件下的协同方式进行无障碍设计，系统化地为无障碍设计提供保障。

4. 利用虚拟现实技术结合设计，及时考虑触感的因素，使以往只能借助传统的设计模式提升到数字化的即看即感受的境界，提高设计的舒适度质量。

4.8 公共服务与市政设施舒适度 SC08

4.8.1 公共服务与市政设施舒适度的意义

城市室外环境本身包含着公共空间，这一部分空间本身是全体市民的宝贵福利。室外公共空间的缺乏，或者说人均公共绿地广场、街道人行空间面积的不足，是目前我国大城市经常遇到的问题。许多城市公园，都不乏见到人头攒动的景象。普通人对于过高密度有一种天然的心理抵触，如果有选择，人当然不愿意进入过于拥挤嘈杂的环境。故而，适当的服务人口数量，是室外环境公共服务舒适度属性的一个重要组成部分。

除了前文提到的各种环境属性，室外公共空间的人工配属设施，也是影响居民满意程度的一个重要方面：走累了需要有坐凳小憩，口渴了需要喝水，饿了需要吃点心或正式就餐，随身携带的手机等电子设备需要充电，若有 WIFI 服务能随时高速联网就更佳了，需要骑乘自行车乘坐出租车、网约车或公共交通回家，儿童在室外游戏有时需要购买或租赁玩具，青年人有时需要社交场所，公共空间需要路线指引和导游服务，体育爱好者需要专门的场地，除了卫生间和浴室、吸烟者和哺乳者也需要专门的规避空间，垃圾桶

和地上偶尔遗留的垃圾需要清运，这就产生了对室外公共环境在休憩餐饮、体育健身、引路导游、租赁购物、交通停车、电信支持、视线规避、垃圾清运等等方面的公共服务的需求。公共服务的提供者，身份不同，或由政府投资运营，或由私人投资运营。在不少公园里，高利润的旅游纪念品摊位鳞次栉比，但低利润的服务则非常缺乏。在一些地方，如一些主题公园，园内餐饮服务因为特许经营制度和追求利润而变得相当昂贵。在另一些城市，如台中，又特别强调城市公园的公共属性，严禁任何私人在公园中从事商业活动，市民在公园中行走很长时间买不到冷饮或饮水，因而不得不自带水，似乎这又走向了另一个反面。如何在现实情况下，充分发挥私人服务的积极性，引导低利润但必需的公共服务，或引入 PPP 投资模式，是环境公共服务设施建设一个重要的思考方向。

残疾人无障碍需求也是室外公共空间的一项重要的服务内容，这一点在前文触感章节已有体现，它反映了社会的公平。我国在公共空间所见到的残疾人的数量非常少，其比例已大大低于残疾人在人口中所占比例，显示了现实中无障碍服务的不足。公共空间还可支持一定的户外演出等文化活动，在户外的演出的频率，演出格调的高低，从侧面体现了城市的文明水平。在一些地方，室外场地还有独特的民族文化需求，如湖北恩施土家族聚居地区，需要有围绕火堆跳"摆手舞"的"场坝"。一些大型公园或广场可能还需要紧急医疗服务，提供除颤机等设备。

本节的"市政设施"包含了相对较宽的范围，含道路、天桥、停车场与给水、排水有关的工程与非工程设施，也包括坡度控制和土地平整。一方面，市政设施要能支持和响应室外公共空间的需求，如提供足够的景观用水，防止植物枯萎；另一方面，公共空间应该回避一些设施，如架空高压线、垃圾填埋场的回避等等。

最近在排水领域涌现出的"海绵城市"等设计思潮，是室外场地设计的新思路，它在许多方面对于提高室外环境舒适度有很积极的意义，无疑也可以放到合生舒适度或洁净舒适度条目下，因为一些海绵设施，如表面流人工湿地和生态塘的生态性和景观效果，和它提出的初衷是为了治理面源水污染，但由于我国海绵城市建设有专门政府补贴，因而独立放在本条目下，这样在计量上有对接的方便。

4.8.2 公共服务与市政设施舒适度的相关指标与标准

1. 绿地、广场的最小面积指标

我国《城市用地分类与规划建设用地标准》GB 50137—2011 规定了人均绿地和人均公园绿地两项指标，其中人均绿地（green space per capita）：指城市和县人民政府所在地镇内的绿地面积除以中心城区（镇区）内的常住人口数量，单位为 m^2/人。人均公园绿地（park land per capita）指城市和县人民政府所在地镇内的公园绿地面积除以中心城区（镇区）内的常住人口数量。规划人均绿地面积不应小于 $10.0m^2$/人。其中人均公园绿地面积不应小于 8.0m²/ 人。这主要是为了避免城市盲目建设"大广场"。绿地面积占总城市建设用地面积为 10.0% ~ 15.0%，风景旅游城市还可调整增加绿地面积。

我国《城市居住区规划设计规范 》GB 50180—93（2002 年版）规定，居住区的小游园和组团绿地都有最小面积要求，其中，居住区级中心绿地不小于 1hm²，小游园不小于 0.4hm²。又《城市公园设计规范》CJJ 48—92 规定居住区公园陆地面积随居住区人口数量而定，宜在 5 ~ 10hm² 之间。居住小区游园面积宜大于 0.5hm²。而总绿地面积则参与居住区的土地平衡计算。如表 4-39 所示。

居住区用地平衡控制指标（ % ）中对公共绿地的比例要求　　　　　表 4-39

用地构成	居住区	小区	组团
公共绿地（R04）	7.5 ~ 18	5 ~ 15	3 ~ 6
居住区用地（R）	100	100	100

我国《城市公园设计规范》CJJ 48—92 规定了不同类型公园的适宜最小面积，如：综合性公园面积不宜小于 10hm²，儿童公园面积宜大于 2hm²，动物园宜大于 20hm²，综合植物园宜大于 40hm²，专类植物园宜大于 2hm²，独立的盆景园面积宜大于 2hm²。

2. 公共服务设置内容指标

《城市居住区规划设计规范》GB 50180 —93（2002 年版）规定，居住区各级绿地应含有的公共服务设施（表 4-40）。

居住区各级绿地　　　　　表 4-40

中心绿地名称	设置内容	要求	最小规模（hm²）
居住区公园	花木草坪，花坛水面，凉亭雕，小卖茶座，老幼设施，停车场地和铺装地面	园内布局应有明确的功能划分	1.0
小游园	花木草坪，花坛水面，雕塑，儿童设施和铺装地面	园内布局应有一定的功能划分	0.4
组团绿地	花木草坪，桌椅，简易儿童设施等	灵活布局	0.04

除此以外，还有各类居住区内的公共建筑宜布置在集中绿地附近，包括托儿所、幼儿园、文化活动中心、居民建设设施、托老所等，而集中绿地也应临近道路。

我国《城市公园设计规范》CJJ 48—92 还规定了不同类型公园的公共设施内容，如综合性公园的内容应包括多种文化娱乐设施、儿童游戏场和安静休憩区。也可设游戏型体育设施。儿童公园应有儿童科普教育内容和游戏设施。动物园应有适合动物生活的环境；游人参观、休息、科普的设施；安全、卫生隔离的设施和绿带；饲料加工场以及兽医院。植物园应创造适于多种植物生长的立地环境，应有体现本园特点的科普展览区和相应的科研实验区。专类植物园应以展出具有明显特征或重要意义的植物为主要内容。盆景园应以展出各种盆景为主要内容。风景名胜公园应在保护好自然和人文景观的基础上，设置适量游览路、休憩、服务和公用等设施。带状公园，应具有隔离、装饰接到和供短暂休憩的作用。街旁游园，应以配置精美的园林植物为主，讲究街景的艺术效果并应设有供短暂休憩的设施。其中，对公共卫生间的要求是：面积大于 $10hm^2$ 的公园，应按游人容量的 2% 设置厕所蹲位（包括小便斗位数），小于 $10hm^2$ 者按游人容量的 1.5% 设置；男女蹲位比例为（1～1.5）：1；厕所的服务半径不宜超过 $250m^2$；各厕所内的蹲位数应与公园内的游人分布密度相适应。公用的条凳、座椅、美人靠（包括一切游览建筑和构筑物中的在内）等，其数量应按游人容量的 20%～30% 设置，但平均每 $1hm^2$ 陆地面积上的座位数量最低不得少于 20，最高不得超过 150。分布应合理。儿童游戏场内应设置坐等及避雨、庇荫等休憩设施；宜设置饮水器、洗手池。

我国《无障碍设计规范》GB 50763—2012 对各类无障碍设施的具体内容，如缘石坡道、盲道、行进盲道、提示盲道、轮椅回转空间、轮椅坡道安全抓杆、无障碍机动车停车位、盲文地图、盲文站牌、盲文铭牌、过街音响提示装置等做出了设计提示。

并要求在下列范围实施无障碍设计：

（1）城市道路（含城市各级道路，城镇主要道路，步行街，旅游景点、城市景观带的周边道路、桥梁、隧道、立体交叉中人行系统、人行道、人行横道、人行天桥及地道、公交车站等）；

（2）城市广场（含公共活动广场和交通集散广场）；

（3）城市绿地（含城市中的各类公园，包括综合公园、社区公园、专类公园、带状公园、街旁绿地等；附属绿地中的开放式绿地；对公众开放的其他绿地）；

（4）居住区、居住建筑（含道路、绿地、配套公建、居住建筑）；

（5）公共建筑（含办公、科研、司法建筑，教育建筑，医疗康复建筑，福利及特殊服务建筑，体育建筑，文化建筑，商业服务建筑，汽车客运站，公共停车场，汽车加油加气站，高速公路服务区建筑，城市公共厕所等）；

（6）历史文物保护建筑的无障碍建设与改造。

无障碍设施需设立标志、标牌。

3. 公共服务回避内容指标

《城市居住区规划设计规范》GB 50180—93（2002 年版）规定，地下管线不宜横穿公共绿地和庭院绿地。

我国《城市公园设计规范》CJJ 48—92 则有下列回避规定：

在已有动物园的城市，其综合性公园内不宜设大型或猛兽类动物展区。

饲料加工场以及兽医院、检疫站、隔离场和饲料基地不宜设在城市动物园内。

公园内不宜设置架空线路，必须设置时，应符合下列规定：一、避开主要景点和游人密集活动区；二、不得影响原有树木的生长，对计划新栽的树木，应提出解决树木和架空线路矛盾的措施。

4. 各类城市市政工程建设标准（含给水、排水等）

景观用水的保证是城市绿地的需求，我国《建筑给水排水设计规范》GB 50015—2003（2009 年版）和《民用建筑节水设计标准》GB 50555—2010 对景观绿地的用水量做出了规定，除此以外各地还有一些地方标准，如天津采用《天津城市绿化养护管理技术规程》DB 29-67—2004 等。与室外场地的用水量消耗有直接关系，市政配套应能满足这些景观植物养护浇洒的需要。各地实际情况差异巨大，建议按照规范布置设施，满足较高日实际用水的需求。

随着海绵城市建设的实施，上海市政院等单位修正了《室外排水设计规范》GB 50014—2006（2016 年版），对雨水管渠的重现期做了如表 4-41 所示规定。

雨水管渠设计重现期（年） 表 4-41

城区类型 城镇类型	中心城区	非中心城区	中心城区的重要地区	中心城区地下通道和下沉式广场等
超大城市和特大城市	3 ~ 5	2 ~ 3	5 ~ 10	30 ~ 50
大城市	2 ~ 5	2 ~ 3	5 ~ 10	20 ~ 30
中等城市和小城市	2 ~ 3	2 ~ 3	3 ~ 5	10 ~ 20

注：1. 按表中所列重现期设计暴雨强度公式时，均采用年最大值法；

2. 雨水管渠应按重力流、满管流计算；

3. 超大城市指城区常住人口在 1000 万以上的城市；特大城市指城区常住人口 500 万以上 1000 万以下的城市；大城市指城区常住人口 100 万以上 500 万以下的城市；中等城市指城区常住人口 50 万以上 100 万以下的城市；小城市指城区常住人口在 50 万以下的城市。（以上包括本数，以下不包括本数）

此外，该规范还提出了内涝防治重现期，如表 4-42 所示。

雨水管渠设计重现期（年） 表 4-42

城镇类型	重现期（年）	地面积水设计标准
超大城市和特大城市	50 ~ 100	（1）居民住宅和工商业建筑物的底层不进水； （2）道路中一条车道的积水深度不超过 15cm
大城市	30 ~ 50	
中等城市和小城市	20 ~ 30	

注：1. 表中所列设计重现期适用于采用年最大值法确定的暴雨强度公式。

2. 超大城市指城区常住人口在 1000 万以上的城市；特大城市指城区常住人口 500 万以上 1000 万以下的城市；大城市指城区常住人口 100 万以上 500 万以下的城市；中等城市指城区常住人口 50 万以上 100 万以下的城市；小城市指城区常住人口在 50 万以下的城市。（以上包括本数，以下不包括本数）

由于景观场地照明已在光环境舒适度里有所保证，而供给园林的电力和电信通常容易保证。因而从略。

5. 海绵城市指标（含年径流总量控制率、悬浮颗粒物去除率、可渗水表面率等）

海绵城市，是推广和应用低影响开发建设模式，加大城市径流雨水源头减排的刚性约束，优先利用自然排水系统，建设生态排水设施，充分发挥城市绿地、道路、水系等对雨水的吸纳、蓄渗和缓释作用，使城市开发建设后的水文特征接近开发前，有效缓解城市内涝、削减城市径流污染负荷、节约水资源、保护和改善城市生态环境，为建设具有自然积存、自然渗透、自然净化功能的海绵城市提供重要保障。是新一代城市雨洪管理概念，是指城市在适应环境变化和应对雨水带来的自然灾害等方面具有良好的"弹性"，也可称之为"水弹性城市"或"低影响开发雨水系统构建"。下雨时吸水、蓄水、渗水、净水，需要时将蓄存的水"释放"并加以利用。2014年，住房城乡建设部出台了《海绵城市建设技术指南——低影响开发雨水系统构建》，对海绵城市的建设也提出了一些指标要求。

在我国现阶段的海绵城市创建中，主要控制年径流总量控制率、悬浮颗粒物（SS）去除率两项指标，前一项指标主要针对雨洪水量，后一项主要针对雨洪水质。年径流总量控制率指标是指通过自然和人工强化的渗透、集蓄、利用、蒸发、蒸腾等方式，场地内累计全年得到控制（不外排）的雨量占全年总降雨量的比例。悬浮颗粒物（SS）去除率是一项水质指标。城市径流污染物中，SS往往与其他污染物指标具有一定的相关性，因此，一般可采用SS作为径流污染物控制指标，低影响开发雨水系统的年SS总量去除率一般可达到40%～60%。年SS总量去除率可用下述方法进行计算：

年SS总量去除率 = 年径流总量控制率 × 低影响开发设施对SS的平均去除率

龚清宇等（2006）较早地提出了一种控制海绵城市建设的"可渗水表面率"，并将这种方法运用到通州台湖的控制性详细规划编制中。可渗水表面率，是将基地的可渗水面积与海绵设施按照其消纳雨洪水的能力，等效为"可渗水表面率"。相比于全年径流总量控制率，优点是更加直观，便于设计和管理[46]。不过在大多数情况下，"可渗水表面率"可以在估算阶段采用，加以推算，特别是考虑加入下垫面渗透情况之后，不难等效推算出年径流总量控制率和悬浮颗粒物去除率。

除了上述指标，还可增加一些海绵城市建设指标，如总N、总P指标。

6. 场地坡度控制指标

为了适应城市功能需要，及增加行走的舒适性和安全性，《城市用地竖向规划规范》CJJ 83—99规定，各类场地适宜选址坡度如表4-43所示：

城市主要建设用地适宜规划坡度 表 4-43

用地名称	最小坡度（%）	最大坡度（%）
工业用地	0.2	10
仓储用地	0.2	10
铁路用地	0	2
港口用地	0.2	5
城市道路用地	0.2	8
居住用地	0.2	25
公共设施用地	0.2	20
其他		

而机动车、非机动车道路应符合表 4-44 和表 4-45 的规定。

机动车车行道规划纵坡 表 4-44

道路类别	最小纵坡（%）	最大纵坡（%）	最小坡长（m）
快速路		4	290
主干路	0.2	5	170
次干路		6	110
支（街坊）路		8	60

梯道的规划指标 表 4-45

规划指标　　　项目　级别	宽度（m）	坡比值	休息平台宽度（m）
一	≥ 10.0	≤ 0.25	≥ 2.0
二	4.0 ~ 10.0	≤ 0.30	≥ 1.5
三	1.5 ~ 4.0	≤ 0.35	≥ 1.2

《城市居住区规划设计规范》GB 50180—93（2002 年版）规定，各种居住区内的场地应满足一定坡度要求，如表 4-46 所示。

居住区各类室外场地的适用坡度 表 4-46

场地名称	适用坡度（%）
密实性地面和广场	0.3 ~ 3.0
广场兼停车场	0.2 ~ 0.5
室外场地：	
儿童游戏场	0.3 ~ 2.5
运动场	0.2 ~ 0.5
杂用场地	0.3 ~ 2.9
绿地	0.5 ~ 1.0
湿陷性黄土地面	0.5 ~ 7.0

《城市公园设计规范》CJJ 48—92 规定：公园主路纵坡宜小于 8%，横坡宜小于 3%，粒料路面横坡宜小于 4%，纵、横坡不得同时无坡度。山地公园的园路纵坡应小于 12%，超过 12% 应做防滑处理。主园路不宜设梯道，必须设梯道时，纵坡宜小于 36%。

公园支路和小路，纵坡宜小于 18%。纵坡超过 15% 路段，路面应做防滑处理；纵坡超过 18% 时，宜按台阶、梯道设计，台阶踏步数不得少于 2 级，坡度大于 58% 的梯道应做防护处理，宜设置护栏设施。

4.8.3　与提高公共服务与市政设施舒适度有关的计算机技术

通行的 GIS 软件，可对公共与市政设施服务人口和服务面积进行统计分析。

4.8.4　提高公共服务与市政设施舒适度的方法

1. 在城市规划的各个阶段，对方案中的公共服务设施与市政设施的使用进行评估与模拟预测，及时发现是否有项目缺失、落位不合理、规模不当等问题。

2. 在规划实施后，及时利用统计数据、实验调查的结果进行大数据分析，检验实施效果，做好应对工作。

3. 在诸如海绵城市设施的新型设施的建设中，从多层次探究其类型和布局，因地制宜地推进其发展，并在实践中评价和检验。

4.9　秩序感与文脉协调性舒适度 SC09

4.9.1　秩序感与文脉协调性舒适度的意义

彭一刚在《建筑空间组合论》里提出，"建筑形式美的原则是多样统一"，其中统一即是有秩序感。在《空间组合论》里，强调秩序感的营造，可以采用重复、韵律、对比等手法来实现。一个视觉秩序良好的空间，人容易将图形从背景中分辨出来，减少精力消耗，并保持良好的心理状态。

对于一个特定的室外景观项目而言，不仅项目自身应该有多样统一的视觉秩序，而且与周边环境相协调。将每个具体的项目，都视为是有机的城市的一个组成部分。一些特定做法是历史积淀产生的，室外场地临近于重要的古建筑，或设计可采用符合文化传统的做法。这些都有利于使人们对一个项目增加心理接受与产生好感。

"爱与归宿感"的需求，是马斯洛学说中一种较高的需求层次，通过营造有一定地方特色的建筑立面，有助于让人产生"归宿感"。除了建筑物的造型之外，有关空间环境品质具体控制的一般手法和类型，作为实施和制定条例的参考方向，这些系统包括：活动特性区系统、道路系统、节点空间系统、开放空间系统、高度控制系统、街廊空间系统、视觉走廊眺望系统、方向指认系统和观光路线系统等等，也与秩序感有关，可以视为一种更隐含的"心理层次"的更高的舒适性需求[47]。

4.9.2 秩序感与文脉协调性舒适度的指标与标准

秩序感与文脉协调性，是城市设计长久以来所不懈追求的目标，实际上可以说是远远地早于前 8 项舒适度被建筑师所关注。相关的指标和标准也不少。例如，我国的《城市规划编制办法》规定，控制性详细规划应当提出各地块的建筑体量、体型、色彩等城市设计指导原则。这些原则可视为秩序感与文脉协调性的基本保证。

如在《关于编制北京市城市设计导则的指导意见》（以下简称《意见》）中，建立了北京市城市设计导则编制基本要素库，提供了一些重要的设计原则及内容，并以示例的方式解释了各个要素，而城市设计导则作为控制性详细规划的组成部分，用于控制引导城市的公共空间品质，其中也涵盖了人们秩序感与文脉协调性舒适度的概念，见表4-47。

《意见》中与秩序感和文脉协调性相关的基本要素及设计原则　　　　　　表 4-47

要素类型	要素名称	相关设计原则
公共空间设计要素	公共空间属性	应结合周边建筑物的功能特征确定相应的公共空间用途
	道路类型	依据地区现状空间与自然特点、城市设计理念、沿街建筑的功能与形态并结合道路形式体现其属性特征
	人行及过街通道	应尽量连续，形成完善而形式丰富的区域步行系统；过街天桥和地下通道应考虑结合周边建筑，进行一体化设计
	道路隔离带设置	应综合考虑地区公共空间系统和环境景观特色，设计具有地区特征的隔离带形式，并对植物选择和种植方式提出相应的要求
	植物配置	植物类型的选择应充分考虑北京的自然环境和文化特色，满足特定地区城市设计景观与功能的需求
	水域相关构筑物	应充分挖掘文化内涵，体现地方特色
	地面铺装	地面铺装的材料质地、色彩、尺度和拼装图案等应有助于体现地区的完整性和个性，应与空间中其他服务设施要素的进行一体化的设计
	公共艺术	装置艺术品的主题及形式的选取应结合周边的环境景观进行设计，以突出地区的历史文化、自然或人工环境的特点
	广告标牌	应注意广告标牌的整体性与个性之间的关系；一应结合公共空间中的其他设施进行统一设计与空间安排
	导向标识	可结合公共空间中其他的要素进行一体化设计
	公共服务设施	应与周边的景观环境相协调；应与空间的环境景观、其他服务设施进行一体化的设计
	市政设施	市政设施的工程要求应与地区具体的环境景观要求进行统一考虑
	安全设施	应与公共空间中其他的服务设施进行一体化设计
建筑设计要素	地块划分	应综合考虑周边地区的城市肌理，延续场所特征

续表

要素类型	要素名称	相关设计原则
建筑设计要素	建筑退线与建筑贴线	从整体空间形态、尺度、人的视域范围、空间感受等多方面出发，对退线、贴线率提出三维空间控制要求，可结合建筑高度细化等要素进行设计
	建筑高度细化	应考虑区域内城市空间及建筑物的特征，有利于形成街巷特色；在历史街区中插入新建建筑，应考虑新加建筑各部分的高度与周边历史建筑的协调
	高点建筑布局	应根据地区整体空间结构，明确标志建筑物位置；明确景观视廊对建筑高度的控制
	沿街建筑底层	应结合建筑功能和道路类型，针对建筑底层通透率提出具体要求，合理舒适地过渡城市——建筑空间；应结合其辐射空间中的环境景观与各类设施进行统一设计
	建筑出入口	对于传统街区内部插入的新建建筑，其出入口的数量和位置设置应和周边建筑相和谐；应结合城市公共空间进行一体化设计（设施、景观方面）
	建筑衔接	为建筑物与周边公共空间提供多样性的连接方式；考虑相邻地块建筑物之间不同空间水平面上的衔接方式与衔接程度，以及竖向的连接
	建筑体量	建筑体量应从周边城市小肌理、空间景观的整体视觉感受出发进行统一考虑，尤其是在传统肌理保护较好的地区，新建建筑的整体体量、立面分隔方式、开窗高度、窗距、窗墙比等细节特征均应能够融入地区的整体风貌
	建筑立面	在重要历史地区，建筑立面控制应更加严格、明确与具体，新建建筑的立面处理应和周边建筑协调；相邻建筑或在街道两侧相对的建筑上应考虑使用相似或相近的立面划分比例、窗洞形式、窗墙比和细部元素等，有利于在整条街道或地区形成视觉上的协调
	建筑色彩	历史地区和城市色彩富有特色的地区，新建建筑应和周边建筑取得色彩协调
	建筑材质	历史地区和特色城市地区，新建建筑应和周边建筑取得协调
	建筑屋顶形式	屋顶的类型应结合考虑城市天际线、景观视廊；屋顶形态与尺度应与地区周边现状建筑屋顶的特色相协调；屋顶的色彩应结合地区整体的色彩特征进行选择
	建筑附属物	附属物的材质、色彩应与建筑的整体特征保持一致；附属物的尺度应与建筑主体的整体形态相协调；附属物挑出建筑外立面的距离应结合街道街面景观的控制统一考虑

4.9.3　秩序感与文脉协调性舒适度的计算机模拟

对秩序感与文脉协调性舒适度的评价需要依据人的直观感受，三维模型可以反映出城市的尺度、建筑的体量和群体组合关系、建筑与场地的关系等，可以使用三维设计类软件进行建模。VR 技术的进步为模拟切身参与提供了可能，其允许使用者以任意角度对建筑物进行无死角观察，即三维空间虚拟漫游。并可进行模拟各类物理环境，各类运动模式和建筑外立面材质和颜色等多套方案的呈现。表 4-48 中列举了一些与秩序感与文脉协调舒适度有关的软件。

各类与秩序感与文脉协调性舒适度有关的软件名称与功能　　　　表 4-48

软件名称	开发者、开发公司	软件功能	说明
ArcGIS	美国环境系统研究所公司（ESRI 公司）	利用空间建模功能，将现状的图底关系、建筑群体组合关系等复原到图纸上	对天际线、建筑高度、景观轴线、眺望系统、建筑与山水的呼应关系等进行审视与判读
Sketch up	谷歌公司	创建、共享和展示 3D 模型	快速进行建筑和风景、室内、城市和环境设计
Rhino	美国 Robert McNeel & Assoc 公司	三维建模，进行非线性设计	可结合 Grasshopper 进行参数化建模
Lumion	荷兰 ACT-3D 公司	3D 可视化工具，实时观察较逼真的设计场景，渲染图像与静帧视频	内含各类环境材质、植物模型，能够提供优秀的图像
LumenRT	E-on Software 公司	一步实现虚拟建筑环境可视化	利用三维的仿真技术，能够直接、方便地模拟出各种建筑、环境设施
UNISOL	UNIGINE Solutions	实现建筑与环境虚拟仿真与实时可视化效果，可在虚拟现实中查看设计方案	支持实时切换方案，直观地感受多种环境方案，做出客观且全面的对比
Design Space	Thomas Van Bouwel	在虚拟空间里面与真实的 3D 模型进行交互	通过拥有三个维度的 VR 编辑工具直接呈现出来头脑中的三维蓝图
Smart+	光辉城市公司	VR 虚拟现实漫游转换	Sketchup 的模型上传自动转化，通过身临其境的虚拟漫游

4.9.4　提高秩序感与文脉协调性舒适度的方法

1. 在城市风貌规划中，为增强规划成果的科学性和有效性，有必要将一些现代分析手段引入前期的研究中，减少现有评价中的主观臆断成分。

2. 结合本地区城市设计导则的编制，在保留合理的创造空间基础上，对城市中公共空间和建筑的诸多要素进行详细的要求控制。

3. 在设计和研究中，不拘束于现有技术手段，结合虚拟现实等技术的发展，尝试更先进的 3D 建模工具和体验方式，并可开发游戏类体验，增强公众参与性。

第 5 章　建筑室外环境舒适度评价体系的建立

5.1　建立评价体系

　　建筑室外环境舒适度的评价分为总体评价和重点评价两个阶段。重点评价在总体评价的基础上进行。建筑室外环境舒适度总体评价由光环境舒适度、风环境舒适度、热环境舒适度、声环境舒适度、合生舒适度、洁净舒适度、触感与质感舒适度、公共服务与市政设施舒适度、秩序感与文脉协调性舒适度 9 类舒适度指标组成。每类指标均包括基本评价指标和加分评价指标。基本评价指标为国家相关规范标准中对各类室外环境指标的基本规定，加分评价指标为经研究总结出的对能满足室外环境舒适的相关指标。与本评价体系有关的概念包括：室外环境综合舒适度 MC（multple-aspect outdoor environment comfort degree）、单项舒适度 SC（single aspect comfort degree）、舒适度改善值 CI（comfort improvement degree）、舒适度改善付出值 CP（payment of comfort）、舒适度改善与付出比 RIP（ratio of improvement and payment）、全评价与重点评价 OE & KE（overall evaluation and key evaluation）、室外环境对象 EP（outdoor environment project）、室外环境单元 EU（outdoor environment unit）等，已在第 3 章做了说明。

5.2　两个评价阶段：全评价与重点评价

　　对特定方案的评价方法采用两步评价法，第一步为全评价（OE），第二步为重点评价（KE）。第一步由设计师自答检查表（Checklist）根据经验简单地做出，第一步得到各分项舒适度的得分，第二步由设计师会同相关专业的工程师、造价师等，采用软件模拟或缩比模型实物模型实验给出，不仅得到舒适度得分，更重要的是，通过不同方案进行比较，得到舒适度改善值 CI（comfort improvement degree）、舒适度改善付出值 CP（payment of comfort）、舒适度改善与付出比 RIP（ratio of improvement and payment）等，以此为工具，确定方案的调整方向。

5.3　全评价中的分项赋分

　　在全评价阶段，先对各舒适度进行分项赋分。

5.3.1 光环境舒适度评价（SC01-OE）

在全评价阶段,光环境舒适度评价的基本评价项目为5项,分别是:SC-01-01 日照时数、SC-01-02 照度、照度均匀性、SC-01-03 紫外线强度、SC-01-04 眩光、SC-01-05 暗天空保护与光污染限制。

其具体评价分值标准（评价检查表）如下:

1. 基本评价:SC-01-01~05 五项中，每项记为 12 分。

如果与该项有关的任何规范有不通过的情况,以 SC-01 为例,包括但不限于下列情况:组团绿地的设置没有满足不少于 1/3 的绿地面积在标准的建筑日照阴影线范围之外 [见《城市居住区规划设计规范》GB 50180—93（2002 年版）]、建筑间距没有满足要求等，则 SC-01 直接评为 0 分。如果基本评价不能得到 60 分，则该单项舒适度判定为不合格，而不再考虑做下面的加分评价。

2. 加分评价:若 SC-01-01~05 五项总分达到 60 分，则进行加分评价，从 60 分开始往上加分，并累计至 95 分为止:

（1）日照时数:方案采取了略高于规范（下文简写为"略高"）的建筑间距，增加了更多冬天能暴露在阳光中的绿地,依增加的非阴影区的面积从 1 倍至 1.5 倍，分别加 5~8 分;

（2）照度:在满足暗天空保护的各项规定前提下，提高了重点公共空间的照度。依照度增加的比例从 1 倍至 1.5 倍，分别加 5~8 分;

（3）照度均匀性:通过采用了更好的灯具，具有了较高的照度均匀性，加 3 分;

（4）照度均匀性:通过采用了更多数量的灯，具有了较高的照度均匀性，加 1 分;

（5）照度均匀性:鼓励了天然光的创新性应用，加 10 分;

（6）紫外线强度:人行道为遮荫效果较好的行道树全覆盖，加 10 分;人行道选种棕榈科等遮阴效果较差的树种,不加分;在人行道上辅助设置遮阴设施（如凉棚）且比较充分,加 5 分;

（7）紫外线强度:完全做到以下 3 点——城市免费发布紫外线强度预报信息，公共空间显示实时紫外线强度信息,公园可提供免费或平价租赁、售卖阳伞、防晒霜等的,加 5 分;

（8）眩光:室外照明考虑了采用防眩光的灯具，而且防眩光的角度较大，加 5 分;

（9）眩光:室外固定功能，如售票、体育计分、体育转播等，做了比较充分的光环境模拟计算，保证阳光直射或光滑表面的反射对这些固定的功能不产生明显影响;

（10）眩光:玻璃幕墙建筑做了光害影响范围分析，加 5 分;

（11）暗天空保护与光污染限制:提供了暗天空保护的创新性设计方法，加 10 分。

5.3.2 风环境舒适度评价（SC02-OE）

1.基本评价:在基本评价阶段，风环境舒适度评价项目为 SC-02-01 年平均风速。

其具体评价分值标准（评价检查表）如下：

年平均风速不大于 5m/s，得 80 分；年平均风速为 5~10m/s，得 50 分；年平均风速为 10~15m/s，得 20 分；年平均风速 15m/s 以上，不得分。

2. 加减分评价：均进行加减分评价，最高累计至 95 分为止。

（1）在年平均风速小于 5m/s 的地区：开敞空间较多，易于通风，加 10 分；建筑密度较大，不适宜通风，减 10 分；建筑布局有过多相对的开口，造成明显的风口，减 5 分；建筑朝向与盛行风向接近，建筑被风面易形成静风区，减 5 分。

（2）在年平均风速大于 5m/s 的地区：修建挡风墙，种植绿篱、防风林等，加 10 分；建筑有防风挑檐，加 10 分；建筑布局有过多相对的开口，造成明显的风口，减 10 分；建筑有锐角，有风道加强，引导下沉冷风，减 15 分。

5.3.3　热环境舒适度评价（SC03-OE）

在全评价阶段，热环境舒适度评价的基本评价项目为 SC-03-01 气候分区（我国《民用建筑设计通则》GB 50352—2005 将我国划分为了 7 个主气候区）。

其具体评价分值标准（评价检查表）如下：

1. 基本评价：温和地区得 80 分；寒冷地区得 60 分；夏热冬暖区得 40 分；严寒地区得 40 分；夏热冬冷地区得 50 分。

2. 加减分评价：均进行加减分评价，最高累计至 95 分为止。

（1）温和地区：修建了适于人享受室外环境的室外茶座，躺椅等设施，加 10 分；室内外灰空间增加，达到建筑首层面积的 5%，加 5 分，达到 10%，加 8 分，没有灰空间，减 5 分。

（2）寒冷地区：修建挡风墙、绿篱等，加 5 分；修建室外壁炉，加 5 分；修建地下下沉或巧妙利用地形减少风冷，加 10 分；建筑有防风挑檐，加 5 分；建筑有锐角，有风道加强，引导下沉冷风，减 15 分。

（3）夏热冬暖地区：有较大的遮荫乔木或遮阳伞覆盖，加 5 分；建筑中间开口，或有翼墙等设计，促进通风散热，加 10 分；有自然、人工水系或修建室外喷泉，加 15 分；建筑底层或人行道没有遮阳和庇护设施，减 15 分。

（4）严寒地区：修建挡风墙、绿篱等，加 5 分；修建室外壁炉，加 5 分；修建地下下沉或巧妙利用地形减少风冷，加 10 分；建筑有防风挑檐，加 5 分；建筑有锐角，有风道加强，引导下沉冷风，减 15 分。

（5）夏热冬冷地区：修建挡风墙、绿篱等，加 5 分；修建室外壁炉，加 5 分；修建地下下沉或巧妙利用地形减少风冷，加 10 分；建筑有防风挑檐，加 5 分；建筑有锐角，有风道加强，引导下沉冷风，减 15 分；有较大的遮荫乔木或遮阳伞覆盖，加 5 分；建筑中间开口，或有翼墙等设计，促进通风散热，加 10 分；有自然、人工水系或修建室外喷泉，加 15 分；建筑底层或人行道没有遮阳和庇护设施，减 15 分。

5.3.4　声环境舒适度评价（SC04-OE）

在全评价阶段，声环境舒适度评价的基本评价项目为 2 项，分别是：SC-04-01 环境噪声、SC-04-02 声景观。

其具体评价分值标准（评价检查表）如下：

1. 基本评价：针对与 SC-04-01 相关的规范进行查验，如噪声是否符合对应声环境功能区的环境噪声等效声级限值，夜间突发噪声是否符合对应功能区最大级超过环境噪声的限值等，如全部通过，得 60 分，如有一项不通过，即为 0 分。如果基本评价不能得到 60 分，则判定声环境舒适度为不合格，而不再考虑做下面的加分评价。

2. 加分评价：若 SC-04-01 达到 60 分，则进行加分评价，从 60 分开始往上加分，并累计至 95 分为止：

（1）环境噪声：噪声值低于对应声环境功能区的环境噪声等效声级限值 5dB 以上，加 20 分。

（2）声景观：根据声景观的类型进行评分，单一声景观最高 10 分，多样声景观最高 20 分，详见表 5-1 和表 5-2。

单一声景观评分规则	表 5-1
单一声景观条件	得分
30 ~ 40dB 的交通声	2
40 ~ 55dB 的喷泉声	6
45 ~ 65dB 的鸟鸣声	8
35 ~ 55dB 的海鸟声	8
40 ~ 65db 的流水声	10
45 ~ 60db 的波浪声	10

多样声景观评分规则		表 5-2
有背景的声景观条件		得分
背景声	其他声	
30 ~ 40dB 的交通声	30 ~ 50dB 的喷泉声	12
30 ~ 40dB 的交通声	30 ~ 60dB 的鸟鸣声	16
40 ~ 50dB 的波浪声	30 ~ 40dB 的风声	18
40 ~ 50dB 的波浪声	30 ~ 40dB 的海鸟声	20
40 ~ 50dB 的流水声	40 ~ 50dB 的鸟鸣声	20

5.3.5　合生舒适度评价（SC05-OE）

在全评价阶段，合生舒适度评价的基本评价项目为 7 项，分别是：SC-05-01 绿地率、绿化覆盖率、SC-05-02 城市园林绿化评价、SC-05-03 国家森林城市评价、SC-05-04 合生性指标、SC-05-05 等效纯绿地系数、SC-05-06 负氧离子浓度、SC-05-07 园林植物选择。

其具体评价分值标准（评价检查表）如下：

1. 基本评价：基本评价采用 SC-05-01 绿地率、绿化覆盖率进行评价，满足相应用地性质的相关规范，得 60 分。如不通过，则 SC-05 直接评为 0 分。如果基本评价不能得到 60 分，则该单项舒适度判定为不合格，而不再考虑做下面的加分评价。

2. 加分评价：若 SC-05-01~07 六项总分达到 60 分，则进行加分评价，从 60 分开始往上加分，并累计至 95 分为止：

（1）绿地率、绿化覆盖率：绿地率大于 30% 且绿化覆盖率大于 35%，加 5 分，每增加 10% 加 2 分，至多 10 分。

（2）城市园林绿化评价：满足《城市园林绿化评价标准》中的城市园林绿化 I 级评价标准，加 10 分，满足 II 级评价标准，加 8 分，满足 III 级评价标准，加 6 分，满足 IV 级评价标准，加 4 分。

（3）国家森林城市评价：评价地所在城市为国家森林城市，加 10 分。

（4）合生性指标：10min 内步行至公园和绿色空间，加 5 分，存在连续统一的生态网络，加 5 分，绿色城市设施（如屋顶绿化、墙面绿化等）每项加 1 分，至多 5 分。

（5）等效纯绿地系数：等效纯绿地系数大于 0.3，加 10 分。

（6）负氧离子浓度：负氧离子浓度为 1500~2000 个 /cm³，加 5 分，负氧离子浓度大于 2000 个 /cm³，加 10 分。

（7）园林植物选择：符合相关规范要求，得 5 分。

5.3.6　洁净舒适度评价（SC06-OE）

在全评价阶段，洁净环境舒适度评价的基本评价项目为 3 项，分别是：SC-06-01 废弃物数、SC-06-02 年空气质量达标天数、SC-06-03 水质类别。

其具体评价分值标准（评价检查表）如下：

1. 基本评价：

（1）废弃物数：符合《城市环境卫生质量标准（1997）》中的要求，得 10 分。

（2）年空气质量达标天数：年空气质量达标天数超过 80%，得 40 分；年空气质量达标天数为 50% ~ 80%，得 20 分；年空气质量达标天数不足 50%，不得分。

（3）水质类别：水质类别为Ⅰ～Ⅲ类或Ⅰ～Ⅲ类水质比例大于75%，得10分。

如果基本评价不能得到60分，则洁净舒适度判定为不合格，而不再考虑做下面的加分评价。

2. 加分评价：若SC-06-01～03三项总分达到60分，则进行加分评价，从60分开始往上加分，并累计至95分为止：

（1）废弃物数：设置了巡回保洁，每周不少于3次路面冲洗，且路面见本色，加5分。

（2）年空气质量达标天数：年空气质量达标天数超过360天，加15分。

（3）水质类别：水质类别评价分值15分（表5-3）。

水质类别评分规则	表5-3
水质类别比例	加分
Ⅰ～Ⅱ类水质比例≥90%	15
Ⅰ～Ⅲ类水质比例≥90%	10
75%≤Ⅰ～Ⅲ类水质比例＜90%	5

5.3.7 触感、质感舒适度评价（SC07-OE）

在全评价阶段，触感、质感舒适度评价的基本评价项目为5项，分别是：SC-07-01平整度、SC-07-02表面粗糙度、SC-07-03无障碍设施普及率、SC-07-04环境振级、SC-07-05全身振动暴露参数。

其具体评价分值标准（评价检查表）如下：

1. 基本评价：SC-07-01～05五项中，每项记为12分。

如果与该项有关的任何规范有不通过的情况，则SC-07直接评为0分。如果基本评价不能得到60分，则触感、质感舒适度判定为不合格，而不再考虑做下面的加分评价。

2. 加分评价：若SC-07-01～05五项总分达到60分，则进行加分评价，从60分开始往上加分，并累计至95分为止：

（1）平整度：高速公路和一级公路的国际平整度指数（IRI）不大于1.4m/km，其他公路不大于3.2m/km，加5分；

（2）平整度：地面无石子、硬土、积雪等影响平整度的附属物，加5分；

（3）表面粗糙度：在符合相关规范的前提下，接触表面无缺陷（如沟槽、气孔、划痕等），且表面无明显灰尘，加10分；

（4）无障碍设施普及率：无障碍设计的实施范围在符合《无障碍设计规范》GB 50763—2012的基础上，下列无障碍设施每增加一项加1分，至多5分：缘石坡道、盲道、轮椅坡道、无障碍楼梯或台阶、无障碍扶手、无障碍标识系统；

（5）无障碍设施普及率：无障碍设施符合设计要求，且无损坏、无遮挡，加5分；

（6）环境振级：各类区域铅垂向Z振级低于标准值的80%，加5分；

（7）全身振动暴露参数：振动参数始终没有超出人体全身振动暴露的舒适性界限，加5分。

5.3.8 公共服务与市政设施舒适度评价（SC08-OE）

在全评价阶段，公共服务与市政设施舒适度评价的基本评价项目为6项，分别是：SC-08-01绿地、广场面积、SC-08-02公共服务设置内容、SC-08-03公共服务回避内容、SC-08-04各类城市市政工程建设、SC-08-05海绵城市建设、SC-08-06场地坡度。

其具体评价分值标准（评价检查表）如下：

1. 基本评价：SC-08-01~06六项中，每项记为10分。

如果与该项有关的任何规范有不通过的情况，则SC-08直接评为0分。如果基本评价不能得到60分，则该单项舒适度判定为不合格，而不再考虑做下面的加分评价。

2. 加分评价：若SC-01-01~06六项总分达到60分，则进行加分评价，从60分开始往上加分，并累计至95分为止：

（1）绿地、广场面积：人均绿地面积大于16m²，加5分，人均公园绿地面积大于10m²，加5分；

（2）公共服务设置：公共服务设施无停业和长期闲置等情况，且设计亲和力强、设施干净洁净、无损坏，加5分；

（3）海绵城市建设：所在城市为海绵城市试点，加5分，运作的海绵城市基本设施每项加2分，至多加10分；

（4）场地坡度：各类场地坡度，每符合一项，加2分，若无该类同样加2分，车道坡度0.3%~6.0%，非机动车道坡度0.3%~1.5%，步行道坡度0.5%~6.0%，停车场和广场坡度0.3%~1.0%，运动场坡度0.2%~0.5%。

5.3.9 秩序感与文脉协调性舒适度评价（SC09-OE）

1. 基本评价：在基本评价阶段，秩序感与文脉协调性舒适度评价项目为2项，分别为SC-09-01地块划分、SC-09-02建筑与公共空间设计。

其具体评价分值标准（评价检查表）如下：

SC-09-01~02两项中，每项记为30分。

（1）地块划分：所在地块的划分考虑了周边地区的城市肌理，延续了场所特征；

（2）建筑与公共空间设计：建筑体量考虑了周边的城市肌理、空间景观的整体视觉感受，在历史地区，建筑高度、立面、色彩和材质和周边建筑取得协调。公共空间结合了周边建筑物特征。

如果基本评价不能得到 60 分，则秩序感与文脉协调性舒适度判定为不合格，而不再考虑做下面的加分评价。

2. 加分评价：若 SC-09-01~02 两项总分达到 60 分，则进行加分评价，从 60 分开始往上加分，并累计至 95 分为止：

（1）植物配置：植物类型的选择充分考虑了当地的自然环境和文化特色，加 3 分；

（2）水域相关构筑物：体现了地区地方文化特色，加 3 分；

（3）地面铺装：材料质地、色彩、尺度和拼装图案能体现地区的完整性和个性，加 3 分；

（4）公共艺术：主题及形式的选取结合了周边的环境景观，符合地区的历史文化、自然或人工环境的特点，加 3 分；

（5）广告标牌与导向标识：结合了公共空间中的其他设施进行的统一设计与空间安排，加 3 分；

（6）公共服务设施、市政设施与安全设施：与空间的环境景观、其他服务设施进行了一体化的设计，加 3 分；

（7）建筑退线与建筑贴线：整体空间形态、尺度适宜，人的空间感受良好，加 3 分；

（8）建筑高度：考虑了区域内城市空间及建筑物的特征，能形成街巷特色，加 3 分；

（9）建筑衔接：建筑物与周边公共空间有多样性的连接方式，加 3 分；

（10）建筑体量：整体体量、立面分隔方式、开窗高度、窗距、窗墙比等细节特征均能够融入地区的整体风貌中，加 3 分；

（11）建筑立面：相邻建筑或在街道两侧相对的建筑上使用相似或相近的立面划分比例、窗洞形式、窗墙比和细部元素，加 3 分；

（12）建筑屋顶形式：屋顶形态、尺度和颜色与地区周边现状建筑屋顶的特色协调，城市天际线良好，加 3 分。

5.4　全评价的汇总

建筑室外环境舒适度的评价采用二维（极坐标）图示方法进行汇总，得到全评价汇总图形。例如，某评价项目的全评价图形如图 5-1 所示。

也可通过权重得到综合舒适度 MC，可以看到 MC 在不同的地域和不同的项目，有不同的理解。由于移动网络的普及，采用手机为中介就可方便地进行调查，建议增加权重调研的频度和广度。

综合舒适度 MC 的定义：

按总得分高低确定。其中各分项基本评价分值 60 分，加分评价最高分值 35 分，各

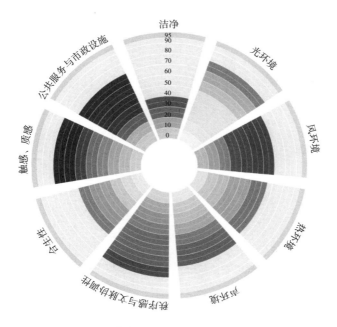

图 5-1　未考虑权重的全评价汇总图形

图片来源：Wikipedia.Comfort.[EB/OL]. [2016.12.20]. https://en.wikipedia.org/wiki/ Comfort

分项舒适度（SC01 ~ SC09）得分（Q_1 ~ Q_9）= 各分项基本评价得分（Q_1' ~ Q_9'）+ 各分项加分评价得分（Q_1'' ~ Q_9''），且不高于 95 分。再分别将各分项赋予权重（w_1 ~ w_9），得到综合舒适度 MC 总得分 Q 计算公式：

$$\sum Q = w_1Q_1 + w_2Q_2 + w_3Q_3 + w_4Q_4 + w_5Q_5 + w_6Q_6 + w_7Q_7 + w_8Q_8 + w_9Q_9$$

通过问卷法和访谈法，进行各分项权重的确定（表 5-4 和图 5-2~ 图 5-9）。

建筑室外环境舒适度评价各分项权重　　　　　　　表 5-4

	光环境舒适度 w_1	风环境舒适度 w_2	热环境舒适度 w_3	声环境舒适度 w_4	合生舒适度 w_5	洁净舒适度 w_6	触感质感舒适度 w_7	公共服务与市政设施舒适度 w_8	秩序感与文脉协调性舒适度 w_9
权重（北京综合调研）	0.024	0.082	0.245	0.023	0.156	0.175	0.002	0.196	0.096
权重（北京西城区调研）	0.021	0.075	0.235	0.035	0.185	0.158	0.001	0.185	0.105
权重（北京建筑大学校内调研）	0.020	0.073	0.240	0.034	0.195	0.150	0.004	0.129	0.155
权重（北京朝阳区调研）	0.023	0.076	0.255	0.124	0.126	0.115	0.003	0.130	0.148
权重（北京平谷区调研）	0.025	0.065	0.265	0.138	0.117	0.085	0.006	0.165	0.134
权重（上海综合调研）	0.001	0.003	0.235	0.176	0.078	0.055	0.035	0.214	0.203
权重（青岛综合调研）	0.052	0.122	0.125	0.065	0.245	0.150	0.006	0.235	0.085

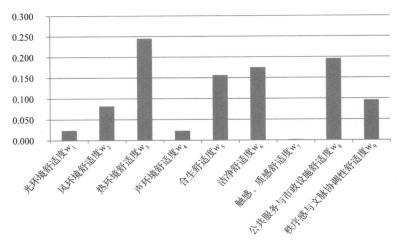

图 5-2　建筑室外环境舒适度评价（北京市综合调研）各分项权重图

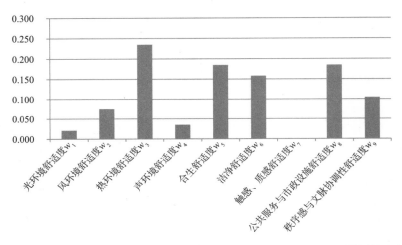

图 5-3　建筑室外环境舒适度评价（北京西城区综合调研）各分项权重图

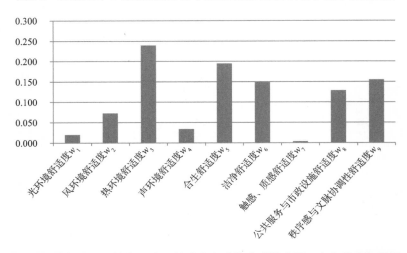

图 5-4　建筑室外环境舒适度评价（北京建筑大学校内调研）各分项权重图

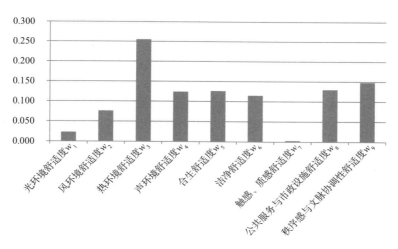

图 5-5　建筑室外环境舒适度评价（北京朝阳区调研）各分项权重图

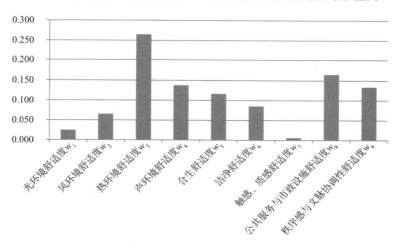

图 5-6　建筑室外环境舒适度评价（北京平谷区调研）各分项权重图

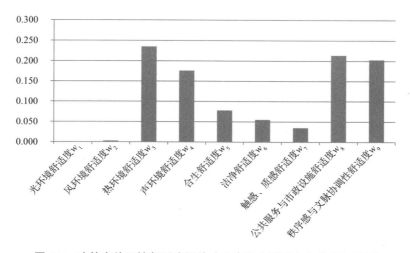

图 5-7　建筑室外环境舒适度评价（上海综合调研）各分项权重图

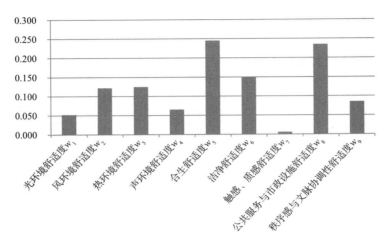

图 5-8　建筑室外环境舒适度评价（青岛综合调研）各分项权重图

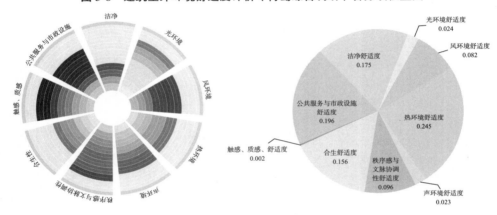

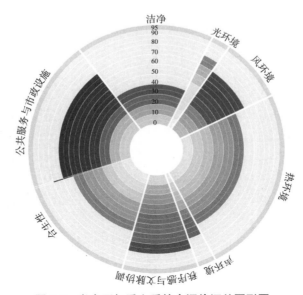

图 5-9　考虑了权重之后的全评价汇总图形图

5.5 重点评价中的赋分

在重点评价阶段，采用计算机模拟方法，对各分项给予更精确的赋分。

5.5.1 光环境舒适度评价（SC01-KE）

光环境舒适度的重点评价阶段，可采用 4.1.3 节所列的计算机软件进行模拟评价，用以下方法定量计算舒适度改善值 CI，舒适度增加付出值 CP 和舒适度改善比 RIP。

1. 日照时数舒适度

（1）日照时数舒适度改善值（SC01-01-K-CI）：

采用下面的方法计算，其执行的标准为终年阴影范围外的绿地面积：

$$本底日照时数舒适度值 = \frac{更改设计之前的终年阴影范围外的绿地面积}{绿地总面积}$$

$$设计日照时数舒适度值 = \frac{更改设计之后的终年阴影范围外的绿地面积}{绿地总面积}$$

$$日照时数舒适度改善值 = \frac{设计日照时数舒适度值 - 本底日照时数舒适度值}{本底日照时数舒适度值}$$

舒适度改善值只能为正数，如果出现负数，说明绿地光照时间实际缩短（或者说舒适度情况变差），那么这样的设计是不合格的，应该改变设计方法，而不做舒适度增加付出值的计算。

（2）日照时数舒适度增加付出值（SC01-01-K-CP）：

采用下面的方法计算：

$$本底日照时数舒适度付出值 = 与日照舒适度有关的所有成本$$

这里需要考虑所有成本，包括造价和其他所有可以计量的外部效应成本。

$$设计日照时数舒适度付出值 = 设计日照时数方面的成本 - 本底日照时数方面的成本$$

$$日照时数舒适度付出增加值 = \frac{设计日照时数舒适度付出值 - 本底日照时数舒适度付出值}{本底日照时数舒适度付出值}$$

（3）日照时数舒适度改善付出比（SC01-01-K-RIP）：

采用下面的方法计算：

$$日照时数舒适度改善付出比 = \frac{日照时数舒适度改善值}{日照时数舒适度付出增加值}$$

2. 照度、照度均匀度舒适度

（1）照度、照度均匀度舒适度改善值（SC01-02-K-CI）：

采用类似方法计算，执行标准为超过规范标准照度的室外环境的面积：

$$本底照度、照度均匀度舒适度值 = \frac{更改设计之前超过规范标准照度的室外环境的面积}{室外环境总面积}$$

$$设计照度、照度均匀度舒适度值 = \frac{更改设计之后超过规范标准照度的室外环境的面积}{室外环境总面积}$$

照度、照度均匀度舒适度改善值

$$= \frac{设计照度、照度均匀度舒适度值 - 本底照度、照度均匀度舒适度值}{本底照度、照度均匀度舒适度值}$$

舒适度改善值只能为正数，如果出现负数，说明超过规范标准照度的室外环境的面积实际减小（或者说舒适度情况变差），那么这样的设计是不合格的，应该改变设计方法，而不做舒适度增加付出值的计算。

（2）照度、照度均匀度舒适度增加付出值（SC02-01-K-CP）：

采用下面的方法计算：

$$本底照度、照度均匀度舒适度付出值 = 与照度、照度均匀度舒适度有关的所有成本$$

这里需要考虑所有成本，包括造价和其他所有可以计量的外部效应成本。

设计照度、照度均匀度舒适度付出值

$$= 设计照度、照度均匀度方面的成本 - 本底照度、照度均匀度方面的成本$$

照度、照度均匀度舒适度付出增加值

$$= \frac{设计照度、照度均匀度舒适度付出值 - 本底照度、照度均匀度舒适度付出值}{本底照度、照度均匀度舒适度付出值}$$

（3）照度、照度均匀度舒适度改善付出比（SC01-02-K-RIP）：

采用下面的方法计算：

$$照度、照度均匀度舒适度改善付出比 = \frac{照度、照度均匀度舒适度改善值}{照度、照度均匀度舒适度付出增加值}$$

3. 防紫外线辐射舒适度

（1）防紫外线辐射舒适度改善值（SC01-03-K-CI）：

采用下面的方法计算，其执行的标准为防紫外线辐射区的面积：

$$本底防紫外线辐射舒适度值 = \frac{更改设计之前的防紫外线辐射区的面积}{室外环境总面积}$$

$$设计防紫外线辐射舒适度值 = \frac{更改设计之后的防紫外线辐射区的面积}{室外环境总面积}$$

$$防紫外线辐射舒适度改善值 = \frac{设计防紫外线辐射舒适度值－本底防紫外线辐射舒适度值}{本底防紫外线辐射舒适度值}$$

舒适度改善值只能为正数，如果出现负数，说明防紫外线辐射区的面积实际减小（或者说舒适度情况变差），那么这样的设计是不合格的，应该改变设计方法，而不做舒适度增加付出值的计算。

（2）防紫外线辐射舒适度增加付出值（SC01-03-K-CP）：

采用下面的方法计算：

$$本底防紫外线辐射舒适度付出值 = 与防紫外线辐射舒适度有关的所有成本$$

这里需要考虑所有成本，包括造价和其他所有可以计量的外部效应成本。

设计防紫外线辐射舒适度付出值

$$= 设计防紫外线辐射方面的成本－本底防紫外线辐射方面的成本$$

防紫外线辐射舒适度付出增加值

$$= \frac{设计防紫外线辐射舒适度付出值－本底防紫外线辐射舒适度付出值}{本底防紫外线辐射舒适度付出值}$$

（3）防紫外线辐射舒适度改善付出比（SC01-03-K-RIP）：

采用下面的方法计算：

$$防紫外线辐射舒适度改善付出比 = \frac{防紫外线辐射舒适度改善值}{防紫外线辐射舒适度付出增加值}$$

4. 防眩光辐射舒适度

（1）防眩光舒适度改善值（SC01-04-K-CI）：

采用下面的方法计算，其执行的标准为防眩光区的面积：

$$本底防眩光舒适度值 = \frac{更改设计之前的防眩光区的面积}{室外环境总面积}$$

$$设计防眩光舒适度值 = \frac{更改设计之后的防眩光区的面积}{室外环境总面积}$$

$$防眩光舒适度改善值 = \frac{设计防眩光舒适度值-本底防眩光舒适度值}{本底防眩光舒适度值}$$

舒适度改善值只能为正数，如果出现负数，说明防眩光区的面积实际减小（或者说舒适度情况变差），那么这样的设计是不合格的，应该改变设计方法，而不做舒适度增加付出值的计算。

（2）防眩光舒适度增加付出值（SC01-04-K-CP）：

采用下面的方法计算：

$$本底防眩光舒适度付出值 = 与防眩光舒适度有关的所有成本$$

这里需要考虑所有成本，包括造价和其他所有可以计量的外部效应成本。

$$设计防眩光舒适度付出值 = 设计防眩光方面的成本-本底防眩光方面的成本$$

$$防眩光舒适度付出增加值 = \frac{设计防眩光舒适度付出值-本底防眩光舒适度付出值}{本底防眩光舒适度付出值}$$

（3）防眩光舒适度改善付出比（SC01-04-K-RIP）：

采用下面的方法计算：

$$防眩光辐射舒适度改善付出比 = \frac{防眩光舒适度改善值}{防眩光舒适度付出增加值}$$

5. 暗空保护与防光污染舒适度

（1）暗空保护与防光污染舒适度改善值（SC01-05-K-CI）：

采用下面的方法计算，其执行的标准为暗空保护与光污染限制区的面积：

$$本底暗空保护与防光污染舒适度值 = \frac{更改设计之前的暗空保护与光污染限制区的面积}{室外环境总面积}$$

$$设计暗空保护与防光污染适度值 = \frac{更改设计之后的暗空保护与光污染限制区的面积}{室外环境总面积}$$

暗空保护与防光污染舒适度改善值

$$= \frac{设计暗空保护与防光污染适度值 - 本底暗空保护与防光污染舒适度值}{室外环境总面积}$$

舒适度改善值只能为正数，如果出现负数，说明暗空保护与光污染限制区的面积实际减小（或者说舒适度情况变差），那么这样的设计是不合格的，应该改变设计方法，而不做舒适度增加付出值的计算。

（2）暗空保护与防光污染舒适度增加付出值（SC05-04-K-CP）：

采用下面的方法计算：

$$本底暗空保护与防光污染舒适度付出值 = 与暗空保护与防光污染舒适度有关的所有成本$$

这里需要考虑所有成本，包括造价和其他所有可以计量的外部效应成本。

设计暗空保护与防光污染舒适度付出值

$$= 设计暗空保护与防光污染方面的成本 - 本底暗空保护与防光污染方面的成本$$

暗空保护与防光污染舒适度付出增加值

$$= \frac{设计暗空保护与防光污染舒适度付出值 - 本底暗空保护与防光污染舒适度付出值}{本底暗空保护与防光污染舒适度付出值}$$

（3）暗空保护与防光污染舒适度改善付出比（SC05-04-K-RIP）：

采用下面的方法计算：

$$暗空保护与防光污染舒适度改善付出比 = \frac{暗空保护与防光污染舒适度改善值}{暗空保护与防光污染舒适度付出增加值}$$

5.5.2　风环境舒适度评价（SC02-KE）

综合 4.2.2 节中的风环境舒适度指标，在此将风速在 1.0～5.0m/s 的风认为是舒适风；风速低于 1.0m/s 的风认为是静风；风速高于 5.0m/s 的风认为是不舒适风。

在重点评价阶段，评价风环境舒适度采用舒适风面积比（评价在某一时间点评价区域内的风环境）和舒适风时间比（评价某一地点评价时段内的风环境）。舒适风面积比与时间比的计算方法：

$$舒适风面积比 = \frac{评价区内舒适风区的面积}{评价区总面积}$$

$$舒适风时间比 = \frac{评价时间内舒适风的时长}{评价总时长}$$

风环境舒适度的重点评价阶段，可采用 4.2.3 节所列的一些计算机软件进行模拟评价，用以下方法定量计算舒适度改善值 CI，舒适度增加付出值 CP 和舒适度改善比 RIP。

1. 舒适风面积比

（1）舒适风面积比改善值（SC02-02-K-CI）：

采用下面的方法计算，其执行的标准为舒适风区面积：

$$本底舒适风面积比 = \frac{更改设计之前的舒适风区面积}{评价区总面积}$$

$$设计舒适风面积比 = \frac{更改设计之后的舒适风区面积}{评价区总面积}$$

$$舒适风面积比改善值 = \frac{设计舒适风面积比 - 本底舒适风面积比}{本底舒适风面积比}$$

舒适度改善值只能为正数，如果出现负数，说明舒适风区面积实际减小（或者说舒适度情况变差），那么这样的设计是不合格的，应该改变设计方法，而不做舒适度增加付出值的计算。

（2）舒适风面积比增加付出值（SC02-02-K-CP）：

采用下面的方法计算：

$$本底舒适风面积比付出值 = 与舒适风有关的所有成本$$

这里需要考虑所有成本，包括造价和其他所有可以计量的外部效应成本。

$$设计舒适风面积比付出值 = 设计舒适风面积方面的成本 - 本底舒适风面积方面的成本$$

$$舒适风面积比付出增加值 = \frac{设计舒适风面积比付出值 - 本底舒适风面积比付出值}{本底舒适风面积比付出值}$$

（3）舒适风面积比改善付出比（SC02-02-K-RIP）：

采用下面的方法计算：

$$舒适风面积比改善付出比 = \frac{舒适风面积比改善值}{舒适风面积比付出增加值}$$

2. 舒适风时间比

（1）舒适风时间比改善值（SC02-03-K-CI）：

采用下面的方法计算，其执行的标准为舒适风时长：

$$本底舒适风时间比 = \frac{更改设计之前的舒适风时长}{评价总时长}$$

$$设计舒适风时间比 = \frac{更改设计之后的舒适风时长}{评价总时长}$$

$$舒适风时间比改善值 = \frac{设计舒适风时间比 - 本底舒适风时间比}{本底舒适风时间比}$$

舒适度改善值只能为正数，如果出现负数，说明舒适风时间实际减少（或者说舒适度情况变差），那么这样的设计是不合格的，应该改变设计方法，而不做舒适度增加付出值的计算。

（2）舒适风时间比增加付出值（SC02-03-K-CP）：

采用下面的方法计算：

$$本底舒适风时间比付出值 = 与舒适风时间比有关的所有成本$$

这里需要考虑所有成本，包括造价和其他所有可以计量的外部效应成本。

$$设计舒适风时间比付出值 = 设计舒适风时间方面的成本 - 本底舒适风时间方面的成本$$

$$舒适风时间比付出增加值 = \frac{设计舒适风时间比付出值 - 本底舒适风时间比付出值}{本底舒适风时间比付出值}$$

（3）舒适风时间比改善付出比（SC02-03-K-RIP）：

采用下面的方法计算：

$$舒适风时间比改善付出比 = \frac{舒适风时间比改善值}{舒适风时间比付出增加值}$$

5.5.3　热环境舒适度评价（SC03-KE）

由于各类热环境舒适度评价指标适用的条件不同，而 PMV 热舒适指标应用范围相对广泛，在重点评价阶段运用 PMV 模型进行热环境舒适度评价。根据 4.3.2 节中所述的 PMV 值与人热感觉的关系，在此认为 $-2 \leqslant PMV \leqslant +2$ 时，为热舒适范围，$PMV < -2$ 和 $PMV > +2$ 时为热不舒适范围。综合最适作业温度（相当于 PMV=0）与服装及活动的函数关系模型，认为 $-0.5 < PMV < 0.5$ 时，为最优热舒适范围。

在重点评价阶段，评价热环境舒适度采用热舒适面积比（评价在某一时间点评价区域内的热环境）和热舒适时间比（评价某一地点评价时段内的热环境）。热舒适面积比与时间比的计算方法：

$$热舒适面积比 = \frac{评价区内热舒适区的面积}{评价区总面积}$$

$$热舒适时间比 = \frac{评价时间内热舒适的时长}{评价总时长}$$

可采用 4.3.3 节所列的计算机软件进行模拟评价，用以下方法定量计算舒适度改善值 CI，舒适度增加付出值 CP 和舒适度改善比 RIP。

1. 热舒适面积比

（1）热舒适面积比改善值（SC03-01-K-CI）：

采用下面的方法计算，其执行的标准为热舒适面积比：

$$本底热舒适面积比 = \frac{更改设计之前的热舒适区面积}{评价区总面积}$$

$$设计热舒适面积比 = \frac{更改设计之后的热舒适区面积}{评价区总面积}$$

$$热舒适面积比改善值 = \frac{设计热舒适面积比 - 本底热舒适面积比}{本底热舒适面积比}$$

舒适度改善值只能为正数，如果出现负数，说明热舒适区面积实际减小（或者说舒适度情况变差），那么这样的设计是不合格的，应该改变设计方法，而不做舒适度增加付出值的计算。

（2）热舒适面积比增加付出值（SC03-01-K-CP）：

采用下面的方法计算：

$$本底热舒适面积比付出值 = 与热舒适面积比有关的所有成本$$

这里需要考虑所有成本，包括造价和其他所有可以计量的外部效应成本。

$$设计热舒适面积比付出值 = 设计热舒适度方面的成本 — 本底热舒适度方面的成本$$

$$热舒适面积比付出增加值 = \frac{设计热舒适面积比付出值 — 本底热舒适面积比付出值}{本底热舒适面积比付出值}$$

（3）热舒适面积比改善付出比（SC03-01-K-RIP）：

采用下面的方法计算：

$$热舒适面积比改善付出比 = \frac{热舒适面积比改善值}{热舒适面积比付出增加值}$$

2. 热舒适时间比

（1）热舒适时间比改善值（SC03-01-K-CI）：

采用下面的方法计算，其执行的标准为热舒适时间比：

$$本底热舒适时间比 = \frac{更改设计之前的热舒适时长}{评价总时长}$$

$$设计热舒适时间比 = \frac{更改设计之后的热舒适时长}{评价总时长}$$

$$热舒适时间比改善值 = \frac{设计热舒适时间比 — 本底热舒适时间比}{本底热舒适时间比}$$

舒适度改善值只能为正数，如果出现负数，说明热舒适时间实际减少（或者说舒适度情况变差），那么这样的设计是不合格的，应该改变设计方法，而不做舒适度增加付出值的计算。

（2）热舒适时间比增加付出值（SC03-01-K-CP）：

采用下面的方法计算：

$$本底热舒适时间比付出值 = 与热舒适时间比有关的所有成本$$

这里需要考虑所有成本，包括造价和其他所有可以计量的外部效应成本。

$$设计热舒适时间比付出值 = 设计热舒适度方面的成本 — 本底热舒适度方面的成本$$

$$热舒适时间比付出增加值 = \frac{设计热舒适时间比付出值 — 本底热舒适时间比付出值}{本底热舒适时间比付出值}$$

（3）热舒适时间比改善付出比（SC03-01-K-RIP）：

采用下面的方法计算：

$$热舒适时间比改善付出比 = \frac{热舒适时间比改善值}{热舒适时间比付出增加值}$$

5.5.4　声环境舒适度评价（SC04-KE）

声环境舒适度的重点评价阶段，可采用 4.4.3 节所列的计算机软件进行模拟评价，用以下方法定量计算舒适度改善值 CI，舒适度增加付出值 CP 和舒适度改善比 RIP。

1. 防噪声舒适度

（1）防噪声舒适度改善值（SC04-01-K-CI）：

采用下面的方法计算，其执行的标准为环境噪声等效声级低于限值的室外环境面积：

$$本底防噪声舒适度值 = \frac{更改设计之前的环境噪声等效声级低于限值的室外环境面积}{室外环境总面积}$$

$$设计防噪声舒适度值 = \frac{更改设计之后的环境噪声等效声级低于限值的室外环境面积}{室外环境总面积}$$

$$防噪声舒适度改善值 = \frac{设计防噪声舒适度值 — 本底防噪声舒适度值}{本底防噪声舒适度值}$$

舒适度改善值只能为正数，如果出现负数，说明噪声干扰增强（或者说舒适度情况变差），那么这样的设计是不合格的，应该改变设计方法，而不做舒适度增加付出值的计算。

（2）防噪声舒适度增加付出值（SC04-01-K-CP）：

采用下面的方法计算：

$$本底防噪声舒适度付出值 = 与防噪声舒适度有关的所有成本$$

这里需要考虑所有成本，包括造价和其他所有可以计量的外部效应成本。

$$设计防噪声舒适度付出值 = 设计防噪声方面的成本 — 本底防噪声方面的成本$$

$$防噪声舒适度付出增加值 = \frac{设计防噪声舒适度付出值 - 本底防噪声舒适度付出值}{本底防噪声舒适度付出值}$$

（3）防噪声舒适度改善付出比（SC04-01-K-RIP）：

采用下面的方法计算：

$$防噪声舒适度改善付出比 = \frac{防噪声舒适度改善值}{防噪声舒适度付出增加值}$$

2. 声景观舒适度

（1）声景观舒适度改善值（SC04-02-K-CI）：

采用下面的方法计算，其执行的标准为营造声景观的室外环境面积：

$$本底声景观舒适度值 = \frac{更改设计之前营造声景观的室外环境面积}{室外环境总面积}$$

$$设计声景观舒适度值 = \frac{更改设计之后的营造声景观的室外环境面积}{室外环境总面积}$$

$$声景观舒适度改善值 = \frac{设计声景观舒适度值 - 本底声景观舒适度值}{本底声景观舒适度值}$$

舒适度改善值只能为正数，如果出现负数，说明营造声景观的面积变小（或者说舒适度情况变差），那么这样的设计是不合格的，应该改变设计方法，而不做舒适度增加付出值的计算。

（2）声景观舒适度增加付出值（SC04-02-K-CP）：

采用下面的方法计算：

$$本底声景观舒适度付出值 = 与声景观舒适度有关的所有成本$$

这里需要考虑所有成本，包括造价和其他所有可以计量的外部效应成本。

$$设计声景观舒适度付出值 = 设计声景观方面的成本 - 本底声景观方面的成本$$

$$声景观舒适度付出增加值 = \frac{设计声景观舒适度付出值 - 本底声景观舒适度付出值}{本底声景观舒适度付出值}$$

（3）声景观舒适度改善付出比（SC04-02-K-RIP）：

采用下面的方法计算：

$$声景观舒适度改善付出比 = \frac{声景观舒适度改善值}{声景观舒适度付出增加值}$$

5.5.5 合生舒适度评价（SC05-KE）

合生舒适度的重点评价阶段，可采用 4.5.3 节所列的计算机软件进行模拟评价，用以下方法定量计算舒适度改善值 CI，舒适度增加付出值 CP 和舒适度改善比 RIP。

1. 绿地舒适度

（1）绿地舒适度改善值（SC05-01-K-CI）：

采用下面的方法计算，其执行的标准为绿地率：

$$本底绿地舒适度值 = 更改设计之前的绿地率$$

$$设计绿地舒适度值 = 更改设计之后的绿地率$$

$$绿地舒适度改善值 = \frac{设计绿地舒适度值 - 本底绿地舒适度值}{本底绿地舒适度值}$$

舒适度改善值只能为正数，如果出现负数，说明绿地率减小（或者说舒适度情况变差），那么这样的设计是不合格的，应该改变设计方法，而不做舒适度增加付出值的计算。

（2）绿地舒适度增加付出值（SC05-01-K-CP）：

采用下面的方法计算：

$$本底绿地舒适度付出值 = 与绿地舒适度有关的所有成本$$

这里需要考虑所有成本，包括造价和其他所有可以计量的外部效应成本。

$$设计绿地舒适度付出值 = 设计绿地方面的成本 - 本底绿地方面的成本$$

$$绿地舒适度付出增加值 = \frac{设计绿地舒适度付出值 - 本底绿地舒适度付出值}{本底绿地舒适度付出值}$$

（3）绿地舒适度改善付出比（SC05-01-K-RIP）：

采用下面的方法计算：

$$绿地舒适度改善付出比 = \frac{绿地舒适度改善值}{绿地舒适度付出增加值}$$

2. 绿化覆盖舒适度

（1）绿化覆盖舒适度改善值（SC05-02-K-CI）：

采用下面的方法计算，其执行的标准为绿化覆盖率：

$$本底绿化覆盖舒适度值 = 更改设计之前的绿化覆盖率$$

$$设计绿化覆盖舒适度值 = 更改设计之后的绿化覆盖率$$

$$绿化覆盖舒适度改善值 = \frac{设计绿化覆盖舒适度值 - 本底绿化覆盖舒适度值}{本底绿化覆盖舒适度值}$$

舒适度改善值只能为正数，如果出现负数，说明绿化覆盖率减小（或者说舒适度情况变差），那么这样的设计是不合格的，应该改变设计方法，而不做舒适度增加付出值的计算。

（2）绿化覆盖舒适度增加付出值（SC05-02-K-CP）：

采用下面的方法计算：

$$本底绿化覆盖舒适度付出值 = 与绿化覆盖舒适度有关的所有成本$$

这里需要考虑所有成本，包括造价和其他所有可以计量的外部效应成本。

$$设计绿化覆盖舒适度付出值 = 设计绿化覆盖方面的成本 - 本底绿化覆盖方面的成本$$

$$绿化覆盖舒适度付出增加值 = \frac{设计绿化覆盖舒适度付出值 - 本底绿化覆盖舒适度付出值}{本底绿化覆盖舒适度付出值}$$

（3）绿化覆盖舒适度改善付出比（SC05-02-K-RIP）：

采用下面的方法计算：

$$绿化覆盖舒适度改善付出比 = \frac{绿化覆盖舒适度改善值}{绿化覆盖舒适度付出增加值}$$

3. 负氧离子舒适度

（1）负氧离子舒适度改善值（SC05-03-K-CI）：

采用下面的方法计算，其执行的标准为负氧离子浓度：

$$本底负氧离子舒适度值 = 更改设计之前的负氧离子浓度$$

$$设计负氧离子舒适度值 = 更改设计之后的负氧离子浓度$$

$$负氧离子舒适度改善值 = \frac{设计负氧离子舒适度值 - 本底负氧离子舒适度值}{本底负氧离子舒适度值}$$

舒适度改善值只能为正数，如果出现负数，说明绿化覆盖率减小（或者说舒适度情况变差），那么这样的设计是不合格的，应该改变设计方法，而不做舒适度增加付出值的计算。

（2）负氧离子舒适度增加付出值（SC05-03-K-CP）：

采用下面的方法计算：

$$本底负氧离子舒适度付出值 = 与负氧离子舒适度有关的所有成本$$

这里需要考虑所有成本，包括造价和其他所有可以计量的外部效应成本。

$$设计负氧离子舒适度付出值 = 设计负氧离子方面的成本 - 本底负氧离子方面的成本$$

$$负氧离子舒适度付出增加值 = \frac{设计负氧离子舒适度付出值 - 本底负氧离子舒适度付出值}{本底负氧离子舒适度付出值}$$

（3）负氧离子舒适度改善付出比（SC05-03-K-RIP）：

采用下面的方法计算：

$$负氧离子舒适度改善付出比 = \frac{负氧离子舒适度改善值}{负氧离子舒适度付出增加值}$$

5.5.6　洁净舒适度评价（SC06-KE）

洁净舒适度的重点评价阶段，可采用 4.6.3 节所列的计算机软件进行模拟评价，用以下方法定量计算舒适度改善值 CI，舒适度增加付出值 CP 和舒适度改善比 RIP。

1. 空气质量舒适度

（1）空气质量舒适度改善值（SC06-01-K-CI）：

采用下面的方法计算，其执行的标准为空气质量指数（AQI）：

$$本底空气质量不舒适度值 = 更改设计之前的空气质量指数$$

$$设计空气质量不舒适度值 = 更改设计之后的空气质量指数$$

$$空气质量舒适度改善值 = \frac{本底空气质量不舒适度值 - 设计空气质量不舒适度值}{本底空气质量不舒适度值}$$

舒适度改善值只能为正数，如果出现负数，说明空气质量指数变大（或者说舒适度情况变差），那么这样的设计是不合格的，应该改变设计方法，而不做舒适度增加付出值的计算。

（2）空气质量舒适度增加付出值（SC06-01-K-CP）：

采用下面的方法计算：

$$本底空气质量舒适度付出值 = 与空气质量舒适度有关的所有成本$$

这里需要考虑所有成本，包括造价和其他所有可以计量的外部效应成本。

$$设计空气质量舒适度付出值 = 设计空气质量方面的成本 - 本底空气质量方面的成本$$

$$空气质量舒适度付出增加值 = \frac{设计空气质量舒适度付出值 - 本底空气质量舒适度付出值}{本底空气质量舒适度付出值}$$

（3）空气质量舒适度改善付出比（SC06-01-K-RIP）：

采用下面的方法计算：

$$空气质量舒适度改善付出比 = \frac{空气质量舒适度改善值}{空气质量舒适度付出增加值}$$

2. 水环境舒适度

（1）水环境舒适度改善值（SC06-02-K-CI）：

采用下面的方法计算，其执行的标准为Ⅰ～Ⅲ类水质类别比例：

$$本底水环境舒适度值 = 更改设计之前Ⅰ～Ⅲ类水质类别比例$$

$$设计水环境舒适度值 = 更改设计之后Ⅰ～Ⅲ类水质类别比例$$

$$\begin{aligned}水环境舒适度改善值\\ = 更改设计之后Ⅰ～Ⅲ类水质类别比例\\ - 更改设计之前Ⅰ～Ⅲ类水质类别比例\end{aligned}$$

舒适度改善值只能为正数，如果出现负数，说明Ⅰ～Ⅲ类水质类别比例减小（或者说舒适度情况变差），那么这样的设计是不合格的，应该改变设计方法，而不做舒适度增加付出值的计算。

（2）水环境舒适度增加付出值（SC06-02-K-CP）：

采用下面的方法计算：

$$本底水环境舒适度付出值 = 与水环境舒适度有关的所有成本$$

这里需要考虑所有成本，包括造价和其他所有可以计量的外部效应成本。

$$设计水环境舒适度付出值 = 设计水环境方面的成本 — 本底水环境方面的成本$$

$$水环境舒适度付出增加值 = \frac{设计水环境舒适度付出值 — 本底水环境舒适度付出值}{本底水环境舒适度付出值}$$

（3）水环境舒适度改善付出比（SC01-01-K-RIP）:

采用下面的方法计算:

$$水环境舒适度改善付出比 = \frac{水环境舒适度改善值}{水环境舒适度付出增加值}$$

5.5.7 触感、质感舒适度评价（SC07-KE）

触感、质感舒适度的重点评价阶段，可采用 4.7.3 节所列的计算机软件进行模拟评价，用以下方法定量计算舒适度改善值 CI，舒适度增加付出值 CP 和舒适度改善比 RIP。

1. 平整度舒适度

（1）平整度舒适度改善值（SC07-01-K-CI）:

采用下面的方法计算，其执行的标准为达到较高平整度（高速公路和一级公路不大于 1.4m/km，其他公路不大于 3.2m/km）的路面面积:

$$本底平整度舒适度值 = \frac{更改设计之前的较高平整度的路面面积}{路面总面积}$$

$$设计平整度舒适度值 = \frac{更改设计之后的较高平整度的路面面积}{路面总面积}$$

$$平整度舒适度改善值 = \frac{设计平整度舒适度值 — 本底平整度舒适度值}{本底平整度舒适度值}$$

舒适度改善值只能为正数，如果出现负数，说明较高平整度的路面面积变小（或者说舒适度情况变差），那么这样的设计是不合格的，应该改变设计方法，而不做舒适度增加付出值的计算。

（2）平整度舒适度增加付出值（SC07-01-K-CP）:

采用下面的方法计算:

$$本底平整度舒适度付出值 = 与平整度舒适度有关的所有成本$$

这里需要考虑所有成本，包括造价和其他所有可以计量的外部效应成本。

设计平整度舒适度付出值 = 设计平整度方面的成本 — 本底平整度方面的成本

$$平整度舒适度付出增加值 = \frac{设计平整度舒适度付出值 — 本底平整度舒适度付出值}{本底平整度舒适度付出值}$$

（3）平整度舒适度改善付出比（SC07-01-K-RIP）：

采用下面的方法计算：

$$平整度舒适度改善付出比 = \frac{平整度舒适度改善值}{平整度舒适度付出增加值}$$

2. 环境振动舒适度

（1）环境振动舒适度改善值（SC07-02-K-CI）：

采用下面的方法计算，其执行的标准为达到较低的铅垂向 Z 振级（小于 45dB）的室外环境面积：

$$本底环境振动舒适度值 = \frac{更改设计之前的较低振级的室外环境面积}{室外环境总面积}$$

$$设计环境振动舒适度值 = \frac{更改设计之后的较低振级的室外环境面积}{室外环境面积}$$

$$环境振动舒适度改善值 = \frac{设计环境振动舒适度值 — 本底环境振动舒适度值}{本底环境振动舒适度值}$$

舒适度改善值只能为正数，如果出现负数，说明较低振级的室外环境面积变小（或者说舒适度情况变差），那么这样的设计是不合格的，应该改变设计方法，而不做舒适度增加付出值的计算。

（2）环境振动舒适度增加付出值（SC07-02-K-CP）：

采用下面的方法计算：

本底环境振动舒适度付出值 = 与环境振动舒适度有关的所有成本

这里需要考虑所有成本，包括造价和其他所有可以计量的外部效应成本。

设计环境振动舒适度付出值 = 设计环境振动方面的成本 — 本底环境振动方面的成本

$$环境振动舒适度付出增加值 = \frac{设计环境振动舒适度付出值 — 本底环境振动舒适度付出值}{本底环境振动舒适度付出值}$$

（3）环境振动舒适度改善付出比（SC07-02-K-RIP）：

采用下面的方法计算：

$$环境振动舒适度改善付出比 = \frac{环境振动舒适度改善值}{环境振动舒适度付出增加值}$$

5.5.8　公共服务与市政设施舒适度评价（SC08-KE）

公共服务与市政设施舒适度的重点评价阶段，延用全评价中的评分标准，再用以下方法定量计算舒适度改善值 CI，舒适度增加付出值 CP 和舒适度改善比 RIP。

公共服务与市政设施舒适度

（1）公共服务与市政设施舒适度改善值（SC08-01-K-CI）：

采用下面的方法计算，其执行的标准为全评价阶段公共服务与市政设施舒适度评价（SC08-OE）得分：

$$本底公共服务与市政设施舒适度值 = 更改设计之前的 SC08\text{-}OE 得分$$

$$设计公共服务与市政设施舒适度值 = 更改设计之后的 SC08\text{-}OE 得分$$

公共服务与市政设施舒适度改善值

$$= \frac{设计公共服务与市政设施舒适度值 - 本底公共服务与市政设施舒适度值}{本底公共服务与市政设施舒适度值}$$

舒适度改善值只能为正数，如果出现负数，说明公共服务与市政设施舒适度变差，那么这样的设计是不合格的，应该改变设计方法，而不做舒适度增加付出值的计算。

（2）公共服务与市政设施舒适度增加付出值（SC08-01-K-CP）：

采用下面的方法计算：

$$本底公共服务与市政设施舒适度付出值 = 与公共服务与市政设施舒适度有关的所有成本$$

这里需要考虑所有成本，包括造价和其他所有可以计量的外部效应成本。

$$设计公共服务与市政设施舒适度付出值$$
$$= 设计公共服务与市政设施方面的成本$$
$$- 本底公共服务与市政设施方面的成本$$

公共服务与市政设施舒适度付出增加值

$$= \frac{设计公共服务与市政设施舒适度付出值 - 本底公共服务与市政设施舒适度付出值}{本底公共服务与市政设施舒适度付出值}$$

（3）公共服务与市政设施舒适度改善付出比（SC08-01-K-RIP）：

采用下面的方法计算：

$$公共服务与市政设施舒适度改善付出比 = \frac{公共服务与市政设施舒适度改善值}{公共服务与市政设施舒适度付出增加值}$$

5.5.9　秩序感与文脉协调性舒适度评价（SC09-KE）

秩序感与文脉协调性舒适度的重点评价阶段，延用全评价中的评分标准，再用以下方法定量计算舒适度改善值 CI，舒适度增加付出值 CP 和舒适度改善比 RIP。

（1）秩序感与文脉协调性舒适度改善值（SC09-01-K-CI）：

采用下面的方法计算，其执行的标准为全评价阶段秩序感与文脉协调性舒适度评价（SC09-OE）得分：

$$本底秩序感与文脉协调性舒适度值 = 更改设计之前的 SC09\text{-}OE 得分$$

$$设计秩序感与文脉协调性设施舒适度值 = 更改设计之后的 SC09\text{-}OE 得分$$

$$秩序感与文脉协调性舒适度改善值$$

$$= \frac{设计秩序感与文脉协调性舒适度值 - 本底秩序感与文脉协调性舒适度值}{本底秩序感与文脉协调性舒适度值}$$

舒适度改善值只能为正数，如果出现负数，说明秩序感与文脉协调性舒适度变差，那么这样的设计是不合格的，应该改变设计方法，而不做舒适度增加付出值的计算。

（2）秩序感与文脉协调性舒适度增加付出值（SC09-01-K-CP）：

采用下面的方法计算：

$$本底秩序感与文脉协调性舒适度付出值 = 与秩序感与文脉协调性舒适度有关的所有成本$$

这里需要考虑所有成本，包括造价和其他所有可以计量的外部效应成本。

$$设计秩序感与文脉协调性舒适度付出值$$

$$= 设计秩序感与文脉协调性方面的成本 - 本底秩序感与文脉协调性方面的成本$$

$$秩序感与文脉协调性舒适度付出增加值$$

$$= \frac{设计秩序感与文脉协调性舒适度付出值 - 本底秩序感与文脉协调性舒适度付出值}{本底秩序感与文脉协调性舒适度付出值}$$

（3）秩序感与文脉协调性舒适度改善付出比（SC09-01-K-RIP）：

采用下面的方法计算：

$$秩序感与文脉协调性舒适度改善付出比 = \frac{秩序感与文脉协调性舒适度改善值}{秩序感与文脉协调性舒适度付出增加值}$$

5.6 重点评价后的方案优化

经过重点评价后得出各项舒适度的改善付出比，鼓励以此评价方法对比多种方案的舒适度改善付出比（RIP），取 RIP 值最高的方案作为最终的设计方案。在方案实施过程与实施后，需继续进行跟踪评价，关注实际因素的影响，如未到达预期的舒适度改善付出比，需对方案进行及时调整或重新设计。整体过程如图 5-10 所示：

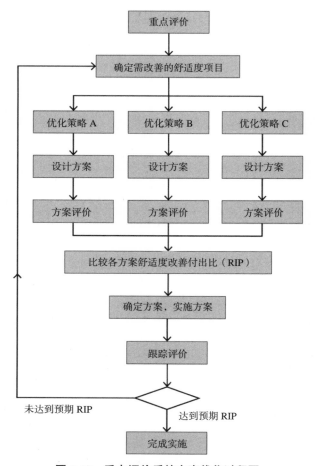

图 5-10 重点评价后的方案优化过程图

　　对建筑室外环境舒适度的评价应始终贯穿方案的设计阶段和实施阶段，即使在方案实施建成后，对室外环境舒适度的评价也可作为对方案实施的检验，提出适宜的优化措施。

第6章 评价案例——以北京方正医药研究院项目的舒适度评价为例

6.1 基地概况

方正医药研究院示范地位于北京市北大生命科学园二期南部中央地块,是海淀稻香湖金融服务区的发展项目之一。北大生命科学园位于中关村园区发展区,东临京包高速、八达岭高速公路,南接北清路,西至规划京包快速路,北连玉河南路及南沙河风景区。

项目一期用地面积为 9.4 万 m^2,景观面积为 7.2 万 m^2,作为示范地工程。景观设计内容主要包括:景观总平面设计、铺装设计、种植设计、构筑物设计以及水景、喷灌系统、景观照明系统设计等。

项目区位图、周边环境分析图及总平面图见图 6-1 ~ 图 6-3。

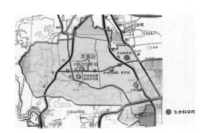

图 6-1 基地区位图

图 6-2 基地周边环境分析图

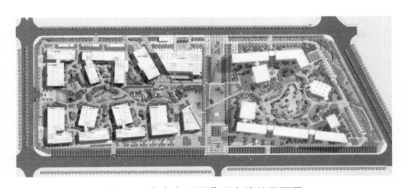

图 6-3 北大方正医药研究院总平面图

　　北大方正医药研究院项目在建筑整体布局上划分为临街的外向空间与内部的庭院空间。建筑临街界面与外界联系紧密，采用平整的直线形式，空间上较开放，主要解决出入口交通集散与室外地面停车功能。建筑内向空间界面较为曲折，围和出多个院落空间，调庭院的私密性。见图6-4。

　　北大方正医药研究院中的建筑主要是多层建筑。对于建筑层数的分析，有助于在室外环境设计中对场地比例尺度的把握。建筑类型多样，主要有实验楼、员工宿舍楼、康复医院等类型，对于建筑室外环境而言，根据建筑类型的不同，对建筑室外环境的功能要求也不同。见图6-5。

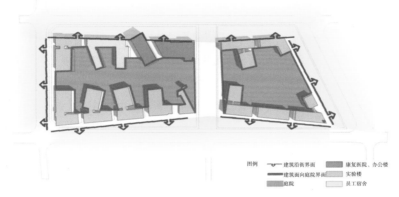

图6-4　建筑布局分析图

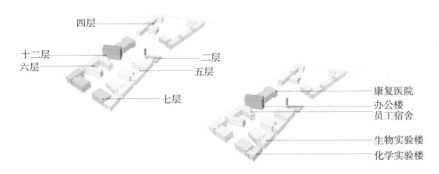

图6-5　建筑层高及类型分析

6.2　数据来源与模拟评价方法

6.2.1 气象资料

　　对北京当地的气候条件进行分析，通过焓湿图判读和资料查询，发现基地所处的局地气候的基本特征和条件，选择有针对性的气象条件进行舒适度模拟。

运用 Ecotect 的 Weather Tools 工具，采用由美国能源署网站提供的 305 个中国城市的逐时气候数据（图 6-6~图 6-11）。

北京气候属暖温带半湿润半干旱季风气候。年平均气温，平原地区为 11 ~ 13℃，海拔 800m 以下的山区为 9 ~ 11℃，高寒山区在 3 ~ 5℃。年极端最高气温一般在 35 ~ 40℃之间。年极端最低气温一般在 -14 ~ -20℃之间。7 月最热，月平均气温，平原地区为 26℃左右；海拔 800m 以下的山区为 21 ~ 25℃。1 月最冷，月平均气温，平原地区为 -4 ~ -5℃；海拔 800m 以下山区为 -6 ~ -10℃。气温年较差为 30 ~ 32℃。见图 6-6。

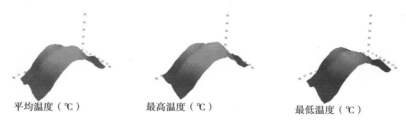

平均温度（℃）　　　　最高温度（℃）　　　　最低温度（℃）

图 6-6　Weather Tool 北京逐日平均温度、最高温度与最低温度统计图

如图 6-7 所示，其中深色表示高频出现区域，得知北京夏季盛行东南风，风速较低；冬季盛行西北风；春季由西北风逐渐转为南风，风速较高。风向有明显的季节变化，呈现出典型的大陆性季风气候。

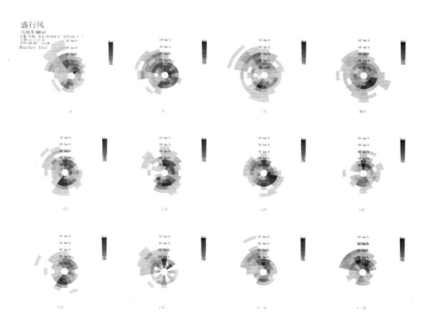

图 6-7　Weather Tool 中表示的北京各月风速、风向、风频三参数统计图

　　北京具有四季分明的气候特征，夏季炎热、冬季寒冷。故选择夏、冬、春三个典型日对室外环境进行模拟。

　　鉴于文献中夏季热环境对室外环境舒适度的影响研究，选择均温最热日（7月7日）作为夏季典型日，当日最高气温在12时近34℃，设计前后的热环境舒适度可有较为明显的对比。见图6-8。

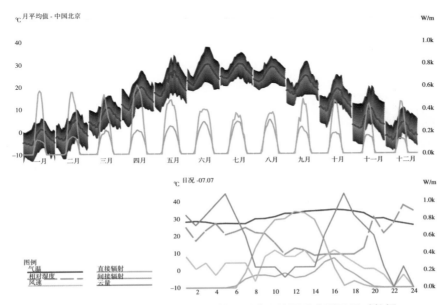

图6-8　北京全年月平均日及本模拟所选取的夏季典型日逐时数据

　　由于北京冬季较为寒冷，热环境变化不明显，考虑 Envi-met 软件的计算对太阳辐射因素的依赖性，估选择云量较少，太阳辐射较充足的日期（1月4日）作为冬季典型日。见图6-9。

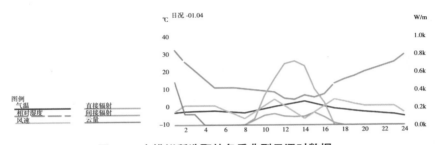

图6-9　本模拟所选取的冬季典型日逐时数据

　　春季典型日选择3月27日，主要考虑干燥的特征，该日空气湿度较低，且太阳辐射充足，宜作为春季典型日模拟。

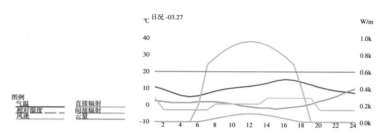

图 6-10   本模拟所选取的春季典型日逐时数据

对气候数据的选择，又采用焓湿图方法进行分析判读，焓湿图是气象数据分析的重要手段，在 Weather Tool 中可以利用它对气象数据进行有针对性的分析。图 6-11 为北京地区焓湿图，图中每一点都代表了特定的气温和温度状态。横坐标为气温，纵坐标为绝对湿度，倾斜的曲线代表相对湿度，倾斜的直线代表湿球温度。气温、相对湿度、气流速度以及平均辐射温度的组合会形成不同的热感受。由于在 Weather Tool 中假定了气流速度和平均辐射温度是恒定的，即在焓湿图中将人体在不同感受下的气温和相对湿度值绘制成围合的红色多边形，分别代表了凉爽、适中、温暖干燥、温暖湿润、干燥湿润和干热的热舒适分区。

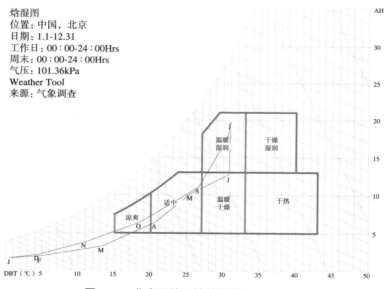

图 6-11   北京天然环境的热舒适度分区图

6.2.2   模拟方法

根据在第 4 章总结的各分项舒适度计算机模拟技术，结合本项目的特点，选择合适的模拟软件。在本项目中，综合运用了 ENVI-met（图 6-12）、Ecotect 等软件模拟室外微气候及人体舒适度。

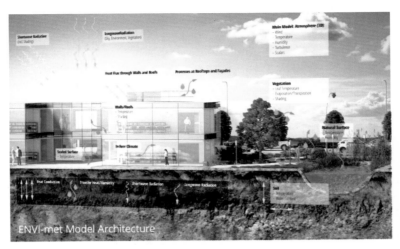

图6-12　ENVI-met 模型所包含各个因素的图示

本书主要采用基于 CFD（计算流体力学）的模型 ENVI-met 软件及在此基础上二次开发的舒适度评测软件 ENVI-set+ 进行风环境和热环境的模拟。ENVI-met 由德国的 Michael Bruse 所开发，它是特别针对绿植、水面、屋顶绿化等景观元素，可采用一维收敛叶片面积模型来描述树木这类复杂物体，而且具有热辐射计算模块，能综合考虑长波、短波辐射，水体和土壤蒸发，叶片蒸发等，与真实环境具有较佳的一致性，选取作为评测本项目景观部分的计算核心。

6.2.3　评价方法

制定第 5 章中的舒适度评价体系，首先对本底（规划方案）环境进行全评价并进行汇总，随后根据各单项舒适度的得分和各分项的权重，确定重点评价项目进行重点评价。为方案设计提出改善的技术措施后，对设计后的环境进行重点评价。最后进行本底与设计评价的对比分析。

由于个季节气候条件的差异性会影响到舒适度的评定，在评价时间和时长的选择上，选择 6.2.1 中提到的春、夏、冬三个季节典型日，评价每个典型日 24 小时的室外环境舒适度，便于衡量该项目的综合舒适度水平。而对舒适面积的比例评价根据分项的特点选择合适的时间点。

6.3　本底环境舒适度全评价

本底指北京方正医药研究院一期规划方案（图 6-13），用地面积约 8.29hm^2，地上建筑面积约 131200m^2，建筑密度 27.92%，容积率 1.58，绿地率 41.65%。

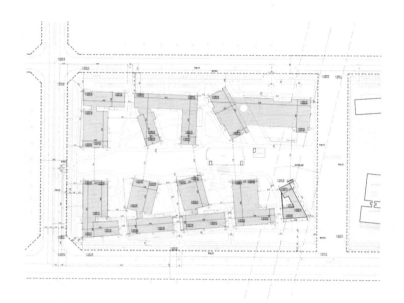

图 6-13　北京方正医药研究院一期规划总图

6.3.1　光环境舒适度评价（SC01-OE）

1. 基本评价：对 SC-01-01 日照时数的评价，需要进行简单的软件模拟，在此采用 Sketch Up 日照大师快速进行日照分析，验算日照。SC-01-01~05 五项中均符合相关规范，基本分得 60 分。

2. 加分评价：满足 5.3.1 中的加分项有：

日照时数：方案采取了略高于规范的建筑间距，非阴影区的面积增加 1.5 倍，加 8 分。其他加分项未到达，不做加分。

综上，全评价中的光环境舒适度分项评价（SC01-OE）得分为 68 分（图 6-14、图 6-15）。

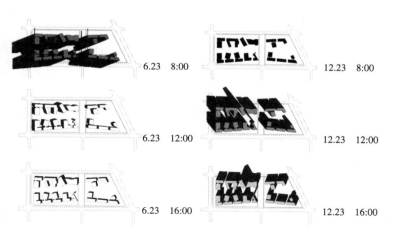

图 6-14　建筑布局光环境分析图

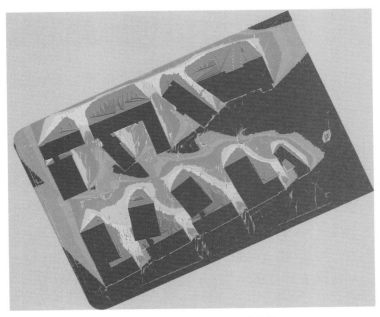

图 6-15　建筑大寒日日照时数图

6.3.2　风环境舒适度评价（SC02-OE）

1. 基本评价：SC-02-01 年平均风速。

北京市年平均风速 1.8 ~3m/s，得 80 分。

2. 加减分评价：满足 5.3.2 中的加减分项有：

在年平均风速小于 5m/s 的地区：建筑布局有过多相对的开口，造成明显的风口，减 5 分。

综上，全评价中的风环境舒适度分项评价（SC02-OE）得分为 85 分。

6.3.3　热环境舒适度评价（SC03-OE）

1. 基本评价：SC-03-01 气候分区

在气候分区中，北京属于寒冷地区，得 60 分。

2. 加减分评价：满足 5.3.3 中的加减分项有：

寒冷地区：建筑有锐角，有风道加强，引导下沉冷风，减 15 分。

综上，全评价中的热环境舒适度分项评价（SC03-OE）得分为 45 分。

6.3.4　声环境舒适度评价（SC04-OE）

1. 基本评价：对 SC-04-01 环境噪声和 SC-04-02 声景观采用推断法和假设法。SC-01-01~05 五项中均符合相关规范，基本分得 60 分。

2. 加分评价：满足 5.3.4 中的加分项有：

（1）环境噪声：噪声值低于对应声环境功能区的环境噪声等效声级限值 5dB 以上，加 20 分；

（2）声景观：有 45 ~ 65db 的鸟鸣声，加 8 分。

综上，全评价中的声环境舒适度分项评价（SC04-OE）得分为 88 分。

6.3.5 合生舒适度评价（SC05-OE）

1. 基本评价：对 SC-05-01 绿地率、绿化覆盖率评价，本底绿地率为 33.7%，由于除草地外无其他绿化，绿化覆盖率同为 33.7%，符合规范要求，基本分得 60 分。

2. 加分评价：满足 5.3.5 中的加分项有：

等效纯绿地系数：等效纯绿地系数大于 0.3，加 10 分；

综上，全评价中的合生舒适度分项评价（SC05-OE）得分为 70 分。

6.3.6 洁净舒适度评价（SC06-OE）

1. 基本评价：由于处于理想方案的设计阶段，不考虑废弃物的影响，记为 SC-06-01 废弃物数单项得 20 分。而本底方案内无规划水体，SC-06-03 水质类别单项得 20 分。主要对 SC-06-02 年空气质量达标天数赋分。

2016 年北京全市空气质量达标天数 198 天，占比 54%，得 40 分。

基本分得 60 分。

2. 加分评价：没有满足 5.3.6 中的加分项。

综上，全评价中的洁净舒适度分项评价（SC06-OE）得分 60 分。

6.3.7 触感、质感舒适度评价（SC07-OE）

1. 基本评价：在理想方案设计的阶段，本底规划中无其他的室外设施，对 SC-07-01 平整度、SC-07-02 表面粗糙度、SC-07-03 无障碍设施普及率、SC-07-04 环境振级、SC-07-05 全身振动暴露参数五项均给予得分，基本分得 60 分。

2. 加分评价：满足 5.3.7 中的加分项有：

（1）平整度：理想方案设计的阶段，假设符合，加 5 分；

（2）平整度：理想方案设计的阶段，假设符合，加 5 分；

（3）表面粗糙度：理想方案设计的阶段，假设符合，加 10 分；

（4）环境振级：理想方案设计的阶段，假设符合，加 5 分；

（5）全身振动暴露参数：理想方案设计的阶段，假设符合，加 5 分。

综上，全评价中的触感、质感舒适度分项评价（SC07-OE）得分为 90 分。

6.3.8 公共服务与市政设施舒适度评价（SC08-OE）

1. 基本评价：在理想方案设计的阶段，SC-08-02 公共服务设置内容、SC-08-03 公共服务回避内容、SC-08-04 各类城市市政工程建设、SC-08-06 场地坡度均视为符合要求，基本分得 60 分。

2. 加分评价：满足 5.3.8 中的加分项有：

（1）绿地、广场面积：基地所在地北京市昌平区 2015 年人均绿地面积 44.71m²/人，人均公园绿地面积 26.38m²/人，基地紧邻北京市海淀区 2015 年人均绿地面积 34.17m²/人，人均公园绿地面积 12.25m²/人，加 10 分；

（2）公共服务设置：理想方案设计的阶段，假设符合，加 5 分；

（3）场地坡度：理想方案设计的阶段，假设符合，加 10 分。

综上，全评价中的公共服务与市政设施舒适度分项评价（SC08-OE）得分为 85 分。

6.3.9 秩序感与文脉协调性舒适度评价（SC09-OE）

1. 基本评价：SC-09-01 地块划分和 SC-09-02 建筑与公共空间设计均到达得分要求，基本分得 60 分。

2. 加分评价：满足 5.3.9 中的加分项有：

（1）建筑退线与建筑贴线：整体空间形态、尺度适宜，人的空间感受良好，加 3 分；

（2）建筑高度：考虑了区域内城市空间及建筑物的特征，能形成街巷特色，加 3 分；

（3）建筑衔接：建筑物与周边公共空间有多样性的连接方式，加 3 分；

（4）建筑体量：整体体量、立面分隔方式、开窗高度、窗距、窗墙比等细节特征均能够融入地区的整体风貌中，加 3 分；

（5）建筑立面：相邻建筑或在街道两侧相对的建筑上使用相似或相近的立面划分比例、窗洞形式、窗墙比和细部元素，加 3 分；

（6）建筑屋顶形式：屋顶形态、尺度和颜色与地区周边现状建筑屋顶的特色协调，城市天际线良好，加 3 分；

综上，全评价中的秩序感与文脉协调性舒适度分项评价（SC09-OE）得分为 78 分。

6.4 本底环境舒适度全评价汇总

本底环境舒适度全评价汇总图见图 6-16。

计算综合舒适度 MC 总得分 Q：

$$\sum Q = w_1Q_1 + w_2Q_2 + w_3Q_3 + w_4Q_4 + w_5Q_5 + w_6Q_6 + w_7Q_7 + w_8Q_8 + w_9$$

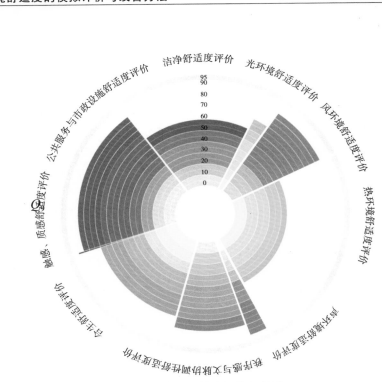

图 6-16   本底环境全评价汇总图

各分项权重的确定采用北京综合调研结果（表 6-1）。

本底环境舒适度评价计算表   表 6-1

	光环境 舒适度	风环境 舒适度	热环境 舒适度	声环境 舒适度	合生舒 适度	洁净舒 适度	触感质感 舒适度	公共服务 与市政设 施舒适度	秩序感与 文脉协调 性舒适度
分项舒适 度得分	68	85	45	88	70	60	90	85	78
权重	0.024	0.082	0.245	0.023	0.156	0.175	0.002	0.196	0.096
加权得分	1.6456	6.987	11.025	2.024	10.934	10.5	0.180	16.677	7.504
总分	67.4762								

根据第 6.4 节中的全评价汇总图和本底环境舒适度评价计算结果，可得出结论：热环境在室外环境舒适度中比重最大，说明热环境舒适度是综合舒适度的最大影响因素，而其未达到舒适度的基本要求，故需要对热环境舒适度进行重点评价。

6.5   改善技术措施

结合北京当地气候特点和项目场地条件，进行室外环境设计，有目的的通过优化绿

地布局，微地形设置，植物群落配置等，改善场地内小气候生态系统，提升室外环境的
舒适度。

6.5.1　优化绿地布局

　　针对风口，在每个庭院的入口处布置了环岛绿地。针对建筑转角加强风，设置绿岛
围合每一个建筑的转角。针对办公楼处的下沉旋风，设置较大面积的三角形绿地，也能
形成办公楼对景。见图 6-17 和图 6-18。

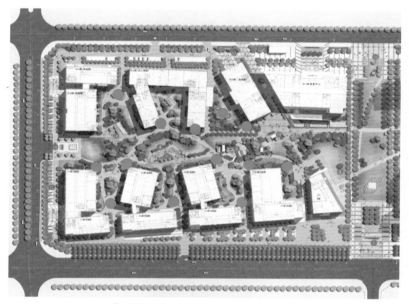

● 环岛绿地、建筑转角绿地和三角形绿地布置点

图 6-17　环岛绿地、建筑转角绿地和三角形绿地布置图

图 6-18　庭院入口的环岛绿地

6.5.2　植物群落配置

　　庭院的入口的环岛绿地、建筑转角的绿岛均种植乔木与大灌木，形成绿色屏障，降低风速。西入口配置生态密林，形成优美入口景观，阻挡冬季西北方的入侵。在背阴的庭院空间，种植耐阴植物。见图 6-19~ 图 6-21。

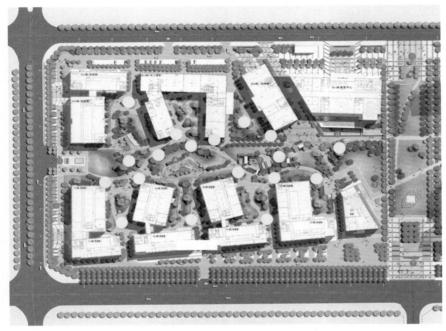

● 高大乔木与灌木种植地

图 6-19　高大乔木与灌木种植图

　　　图 6-20　东侧密林　　　　　　　　　　图 6-21　西入口密林

6.5.3　微地形处理

在每个风口、办公楼处做了微地形处理，配合种植设计，形成良好景观的同时，帮助形成绿色屏障，阻隔下沉旋风。见图 6-22 和图 6-23。

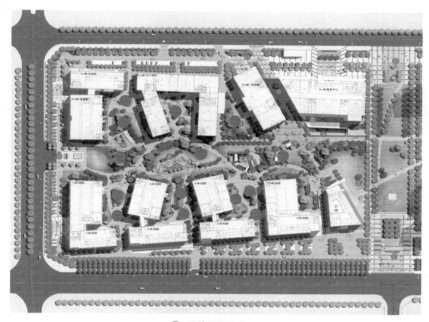

● 微地形塑造点

图 6-22　微地形塑造点图

图 6-23　办公楼绿地的微地形

6.5.4 铺装设计

铺装的设计，包括透水砖、透水沥青混凝土、嵌草砖、鹅卵石、碎石铺装等，夏季沥青路面对热环境舒适度的影响。见图 6-24 和图 6-25。

图 6-24　透水铺装

图 6-25　停车位嵌草砖

6.5.5 水体设计

设置景观水体，调节微气候。见图 6-26~ 图 6-28。

图 6-26 中心水景

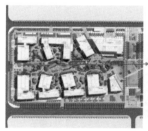

图 6-27 西入口水景

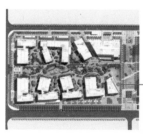

图 6-28 东入口水景

6.5.6 　立体绿化技术

根据甲方要求，确定垂直绿化方案为墙面直接攀爬（造价最低、简便易行、自然），植物品种选择为北京地区最为常用的爬山虎。见图 6-29 和图 6-30。

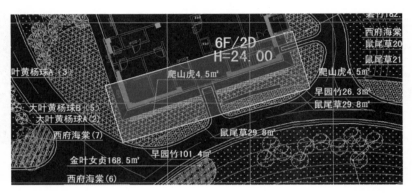

图 6-29 　立体绿化位置

图 6-30 　选择爬山虎作为立体绿化

6.6 　重点评价

6.6.1 　模拟过程

ENVI-met 的模拟过程如下（以本底环境模拟为例）。

1. 建模

首先在 🖻 中进行建模，在 File- 🖼 Change setting/New model 中进入模型参数设置

界面，在此窗口中设置模型网格嵌套属性、主区域的网格尺寸和模拟所在的地理位置等。

由于软件提供的计算区域最大网格数是 $250 \times 250 \times 30$，且计算区域的总高度至少是最高建筑物高度的两倍。基地东西宽约 450m，南北长约 380m，最高点高约 45m。在此，将总网格规模设置为 $245 \times 215 \times 30$，网格空间尺度设置为 2m×2m×3m。由于主要需模拟行人高度的环境参数，且模型中建筑多为多层建筑，各层建筑高度几乎相同，垂直网格的生成方法选择了等距网格。见图 6-31。

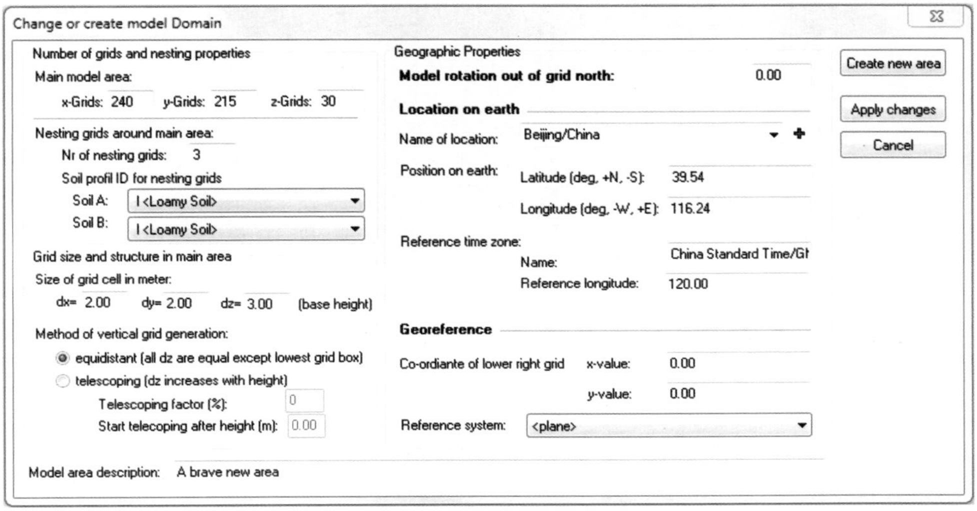

图 6-31　ENVI-met 的模型参数设置

随后开始建模，在窗口 2（Edit Building/Vegetation）中，定义建筑物的高度、植物的种类。在 Left Mouse 对应的窗口输入建筑物的层数，然后在网格区域点击鼠标左键建立建筑物。点击 Left Mouse+Shift 对应的下拉键，选择植物的种类，然后点击鼠标左键 +Shift 按钮在网格区域建立植物。见图 6-32。

在此，需要通过植物数据库定义植物类型，在 Database 的 Edit PLANTS.DAT…中更改植物数据，在本底环境模拟中，只有草地一中植被，统一用 g（20cm 的草）定义。见图 6-33。

在窗口 3（Edit Soils）中，在下拉键中选择下垫面的类型，如在本低环境中选择了 loamy Soil（土壤）、Asphalt Road（柏油马路），选择合适的下垫面后在网格区域建模。见图 6-34。

在建模的过程中，按照建筑物、植物、下垫面的顺序，建立本底模型。见图 6-35 和图 6-36。

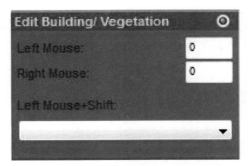

图 6-32　选择模型下垫面

```
Plants.DAT
V3 -------- ENVI-met Database Version 3 ---------------- this file is only usable with ENVI-met V3.0 or higher
ID_C?_TY__rs-m_a_f_HH.HH_TT.TT_LAD1__LAD2__LAD3__LAD4__LAD5__LAD6__LAD7__LAD8__LAD9__LAD10_RAD1__RAD2__RAD3__RA
xx C3 03  200 0.20 00.63 00.50 0.300 0.300 0.300 0.300 0.300 0.300 0.300 0.300 0.300 0.300 0.100 0.100 0.100 0.
so C3 03   70 0.20 00.63 1.200 1.580 0.820 0.380 0.290 0.270 0.290 0.330 0.400 0.520 0.740 0.000 0.900 0.200 0.
lg C3 03  200 0.20 00.18 03.00 0.300 0.600 0.900 1.200 1.500 1.800 2.000 1.500 1.000 0.700 0.100 0.100 0.100 0.
MO C3 01  400 0.20 20.00 02.00 0.040 0.060 0.070 0.110 0.130 0.150 0.140 0.130 0.100 0.000 0.100 0.100 0.100 0.
DO C3 01  400 0.20 20.00 02.00 0.110 0.140 0.180 0.270 0.330 0.370 0.360 0.330 0.250 0.000 0.100 0.100 0.100 0.
DM C3 01  400 0.20 20.00 02.00 0.075 0.075 0.075 0.075 0.250 1.150 1.060 1.050 0.920 0.000 0.100 0.100 0.100 0.
dm C3 01  400 0.20 20.00 02.00 0.075 0.075 0.075 0.075 0.250 1.150 1.060 1.050 0.920 0.000 0.100 0.100 0.100 0.
ds C3 01  400 0.20 10.00 02.00 0.075 0.075 0.075 0.075 0.250 1.150 1.060 1.050 0.920 0.000 0.100 0.100 0.100 0.
sm C3 01  400 0.20 20.00 02.00 0.150 0.150 0.150 0.150 0.650 2.150 2.180 2.050 1.720 0.000 0.100 0.100 0.100 0.
sk C3 01  400 0.20 15.00 02.00 0.150 0.150 0.150 0.150 0.650 2.150 2.180 2.050 1.720 0.000 0.100 0.100 0.100 0.
H2 C3 01  400 0.20 06.00 01.00 2.500 2.500 2.500 2.500 2.500 2.500 2.500 2.300 2.200 1.500 0.100 0.100 0.100 0.
T1 C3 01  400 0.20 10.00 02.00 0.000 0.000 2.180 2.180 2.180 2.180 2.180 2.180 1.720 0.000 0.100 0.100 0.100 0.
 g C3 03  200 0.20 00.20 00.50 0.300 0.300 0.300 0.300 0.300 0.300 0.300 0.300 0.300 0.300 0.100 0.100 0.100 0.
bs C3 01  400 0.20 20.00 02.00 0.000 0.000 0.005 0.075 0.250 1.150 1.060 1.050 0.920 0.000 0.100 0.100 0.100 0.
sc C3 01  400 0.20 20.00 02.00 0.000 0.000 0.150 0.150 0.650 2.150 2.180 2.050 1.720 0.000 0.100 0.100 0.100 0.
 w C3 01  400 0.20 20.00 02.00 0.110 0.140 0.180 0.270 0.330 0.370 0.360 0.330 0.250 0.000 0.100 0.100 0.100 0.
l1 C3 01  400 0.20 15.00 02.00 0.040 0.060 0.070 0.110 0.130 0.150 0.140 0.130 0.100 0.000 0.100 0.100 0.100 0.
l2 C3 01  400 0.20 20.00 02.00 0.040 0.060 0.070 0.110 0.130 0.150 0.140 0.130 0.100 0.000 0.100 0.100 0.100 0.
 h C3 01  400 0.20 02.00 01.00 2.000 2.000 2.000 2.000 2.000 2.000 2.000 2.000 2.000 2.000 0.100 0.100 0.100 0.
 m C4 03  200 0.20 01.50 00.50 0.300 0.300 0.300 0.300 0.300 0.300 0.300 0.300 0.300 0.300 0.100 0.100 0.100 0.
 c C3 03  200 0.20 01.50 00.50 0.100 0.100 0.100 0.100 0.100 0.100 0.100 0.100 0.100 0.100 0.100 0.100 0.100 0.
gb C3 03  200 0.20 00.50 00.50 0.300 0.300 0.300 0.300 0.300 0.300 0.300 0.300 0.300 0.300 0.100 0.100 0.100 0.
gz C3 03  200 0.20 00.50 00.50 0.300 0.300 0.300 0.300 0.300 0.300 0.300 0.300 0.300 0.300 0.100 0.100 0.100 0.
T2 C3 01  400 0.20 16.00 02.00 0.000 0.000 2.180 2.180 2.180 2.180 2.180 2.180 1.720 0.000 0.100 0.100 0.100 0.
Tb C3 01  400 0.20 16.00 02.00 2.000 2.000 2.180 2.180 2.180 2.180 2.180 2.180 1.720 0.000 0.100 0.100 0.100 0.
ee C3 01  400 0.20 20.00 02.00 0.500 0.500 1.000 1.110 1.130 1.500 1.800 2.000 1.500 0.800 0.100 0.100 0.100 0.
TH C3 01  400 0.20 15.00 02.00 0.000 0.000 0.000 0.000 0.400 0.450 0.450 0.490 0.490 0.400 0.100 0.100 0.100 0.
```

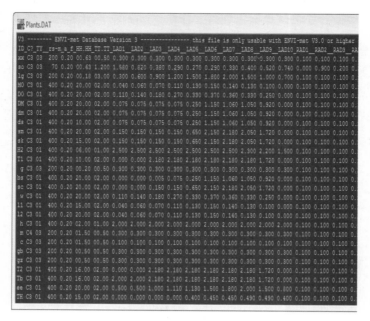

图 6-33　本底模型植物数据库

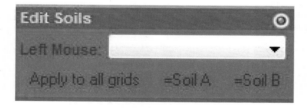

图 6-34　选择模型下垫面

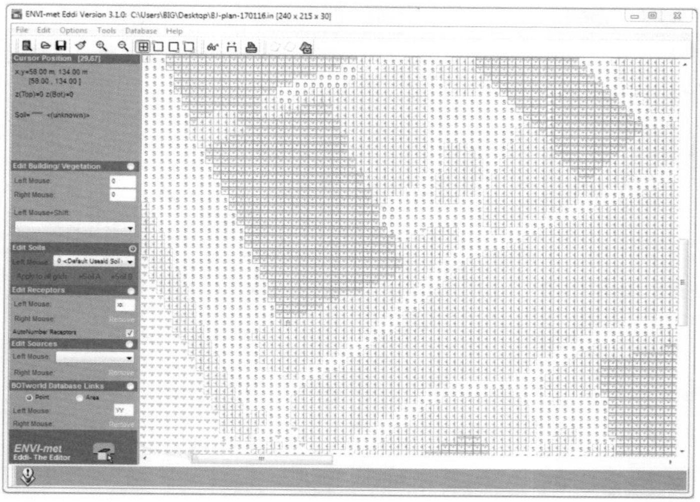

图 6-35　为本底模型选择下垫面

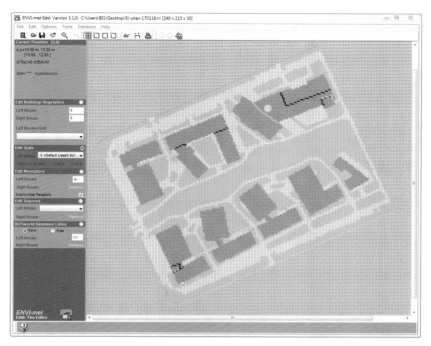

图 6-36　在 ENVI-met 中建立的本底模型

2. 编程

在 中进入编程，选择 File → New configuration，进入配置编辑器，首先设置模拟
名称、输入模型文件与输出计算结果的路径；其次输入开始模拟的日期，即在上一节分析
气象资料后选出的分别代表夏、冬、春的三个典型日，输入总的模拟时间与保存模型状
态的时间；最后还要输入开始模拟时的气象数据，从 Weather Tool 中提取对应的数据，如
地面 10m 的风速、风向、参考点的粗糙度长度、初始温度、2500m 的湿度和 2m 的相对
湿度。见表 6-2。

三个季节典型日的模拟参数设置　　　　　　　　　　　　　　　　　　表 6-2

参数	夏季	冬季	春季
开始模拟的日期	2016.07.07	2016.01.04	2016.03.27
开始模拟的时间	6：00：00	6：00：00	6：00：00
总模拟时长（h）	24	24	24
保存模型状态间隔（min）	60	60	60
地面 10m 风速（m/s）	3.5	5.5	7
风向	120°（东南偏东）	330°（西北偏北）	210°（西南偏南）
参考点的粗糙高度调整系数 Z_0	0.1	0.1	0.1

续表

参数	夏季	冬季	春季
初始温度（K）	301	271	279
2500m 湿度（g/kg）	10	3	2
2m 相对湿度	50	40	20

编程版块还提供了 position、soildata 等模块，单击 Add Section 可以添加，并对模块的一些参数进行修改。在此添加了 PMV 模块，分别建立三个典型日模拟的 cf 文件。见图 6-37~ 图 6-39。

图 6-37　夏季典型日模拟参数编辑

图 6-38　冬季典型日模拟参数编辑

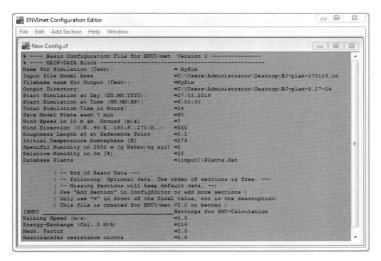

图 6-39　春季典型日模拟参数编辑

3. 计算

随后开始模拟计算，在  中，选择适合所建模型的计算区域，由于模型网格规模为 $245 \times 215 \times 30$，本次选择 $250 \times 250 \times 30$ Version。在窗口中，依次按照 Load model configuration（导入模型）→ Test model（检查模型）→ Run model（计算模型）的步骤进行模拟计算，生成计算结果文件。见图 6-40 和图 6-41。

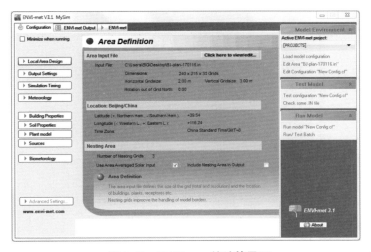

图 6-40　ENVI-met 的计算界面

图 6-41　得到的 ENVI-met 的计算结果文件

软件还提供了计算结果的可视化。在 LEONARDO 数据处理板块中，点击 File → New Map，建立新的界面，选择 Tools → Date Navigator 导入计算结果，即

atmosphere 文件夹中保存的各时间点的 EDI 模拟数据，在下拉列表中选中需要显示的参数，单击 Data 后面的箭头，把相应的计算结果导入进去，通过板块提供的二维三维视图和二维视图的 X-Y 截面，在 Cut at z= 后输入 3，即获取 1.80m 行人高的数据，同时在 Settings 2D 中对图名、图例数值范围等进行调整，点击 Extract 2D Cut 查看模拟数据的可视图，如 2016 年 7 月 7 日 12 时风速图。见图 6-42~ 图 6-45。

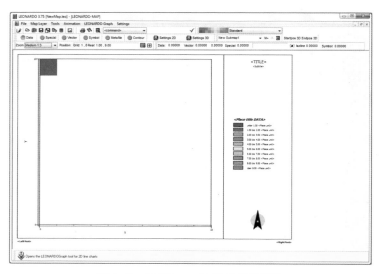

图 6-42　ENVI-met 的数据处理板块

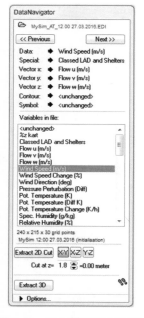

图 6-43　导入模拟数据结果

图 6-44　调整图例等设置

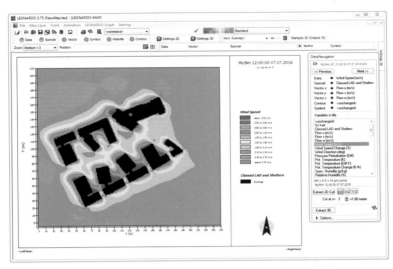

图 6-45 ENVI-met 模拟的 2016 年 7 月 7 日 12 时风速

按照如上方法图示化计算结果，并在 Tools → Export Map Layer 可以分别导出模拟的风速、温度、相对湿度、直接短波辐、散射短波辐射以及 PMV 的 Data Layer，导出的文件为 DAT 格式，用做最后舒适度的计算数据。

再按照本底模型模拟方法，建立设计模型。重点关注建筑物的调整、种植设计、地面铺装。

建筑物的调整主要体现在东北侧的办公楼和康复医院，由连接的整体拆分为两个独栋建筑。见图 6-46 和图 6-47。

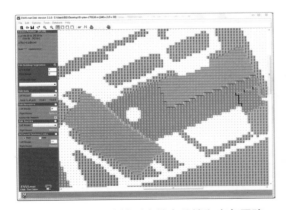

图 6-46 本底模型中的办公楼和康复医院

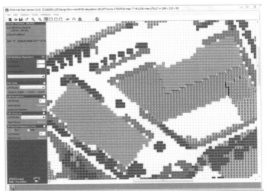

图 6-47 设计模型办公楼和康复医院

设计方案的种植设计是建模的重点，按照方案的植物配置建立了新的植物数据库，确定方案中的植物与数据库中植物的对应关系。见表 6-3 和图 6-48~图 6-50。

设计模型中的植物数据设置　　　　　　　　　　　表 6-3

植物类型 TY	设计植物名称	数据库中 ID	植物类型 C	植物的最小气孔阻力 rs_min	植物叶的短波反照率 a_f	植物高度 HH.HH（m）	植物根总深度 TT.TT(m)
1（落叶乔木）	银杏	yx	C3	400	0.20	20.00	2.00
	国槐 A	GH	C3	400	0.20	20.00	2.00
	国槐 B	gh	C3	400	0.20	10.00	2.00
	元宝枫	yb	C3	400	0.20	10.00	2.00
	白蜡 A	BL	C3	400	0.20	12.00	2.00
	白蜡 B	bl	C3	400	0.20	10.00	2.00
	绦柳	tl	C3	400	0.20	15.00	2.00
	千头椿	qt	C3	400	0.20	16.00	2.00
	悬铃木	xl	C3	400	0.20	30.00	2.00
	马褂木	mg	C3	400	0.20	30.00	2.00
	柿树	sz	C3	400	0.20	12.00	2.00
	刺槐	ch	C3	400	0.20	30.00	2.00
	合欢	hh	C3	400	0.20	12.00	2.00
	蒙古栎	mg	C3	400	0.20	30.00	2.00
	紫叶李	zy	C3	400	0.20	6.00	1.50
	木槿	mj	C3	400	0.20	4.00	1.50
	碧桃	bt	C3	400	0.20	6.00	1.50
	天目琼花	qh	C3	400	0.20	4.00	1.50
	西府海棠	ht	C3	400	0.20	6.00	1.50
	樱花	yh	C3	400	0.20	6.00	1.50
	早园竹	zy	C3	400	0.20	8.00	1.50
	大叶黄杨	hy	C3	400	0.20	1.00	1.00
	棣棠	dt	C3	400	0.20	1.00	1.00
2（针叶树）	雪松	xs	C3	400	0.20	25.00	2.00
	华山松	hs	C3	400	0.20	35.00	2.00
	油松	ys	C3	400	0.20	25.00	2.00
	圆柏	yb	C3	400	0.20	25.00	2.00
	白皮松	bp	C3	400	0.20	25.00	2.00

续表

植物类型 TY	设计植物名称	数据库中 ID	植物类型 C	植物的最小气孔阻力 rs_min	植物叶的短波反照率 a_f	植物高度 HH.HH（m）	植物根总深度 TT.TT（m）
3（草类）	鼠尾草	sw	C3	400	0.20	0.60	0.50
	马蔺	ml	C3	200	0.20	0.50	0.50
	千屈菜	qq	C3	200	0.20	0.80	0.50
	香蒲	xp	C3	200	0.20	1.20	0.50
	大滨菊	db	C3	200	0.20	0.40	0.50
	箬竹	rz	C3	200	0.20	1.50	0.50
	麦冬	md	C3	200	0.20	0.50	0.50
	黄菖蒲	cp	C3	200	0.20	0.70	0.50
	草坪	g	C3	200	0.20	0.20	0.50

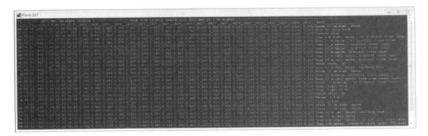

图 6-48　设计模型的植物数据库

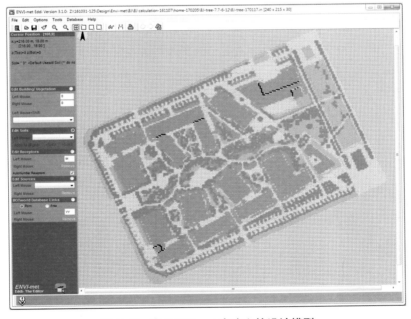

图 6-49　在 ENVI-met 中建立的设计模型

图 6-50　设计环境中的植物

　　按照本底模型的模拟方法进行设计模型的模拟。

6.6.2　评价分析

　　首先对夏季、冬季、春季三个典型日的本底环境热舒适度进行评价，选择热环境较不舒适度时段进行评价，便于与设计环境对比舒适度的改善效果。夏季典型日选择 12 时进行评价，冬季典型日选择 6 时进行评价，春季典型日选择 16 时进行评价。

　　1. 本底环境热舒适面积比

　　（1）夏季典型日 12 时，见图 6-51~ 图 6-53。

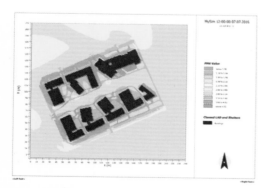

		热舒适区
		热不舒适区

图 6-51　夏季典型日本底环境 12 时 PMV 图　　　图 6-52　夏季典型日本底环境 12 时热舒适分区图

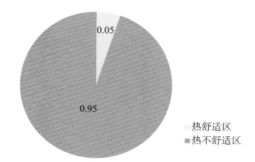

图 6-53　夏季典型日本底环境 12 时热舒适区类型比例图

夏季典型日 12 时热舒适面积比为 0.05。

（2）冬季典型日 6 时，见图 6-54。

冬季典型日 6 时热舒适面积比为 0。

（3）春季典型日 16 时，见图 6-55~ 图 6-57。

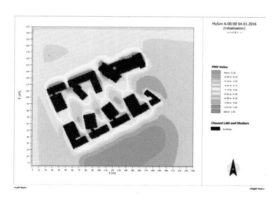

图 6-54　冬季典型日本底环境 6 时 PMV 图

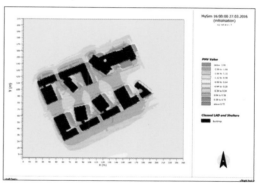

图 6-55　春季典型日本底环境 16 时 PMV 图

图 6-56　春季典型日本底环境 16 时热舒适分区图

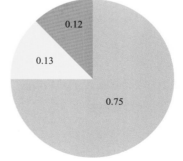

图 6-57　春季典型日本底环境 16 时热舒适区类型
比例图

春季典型日 16 时热舒适面积比为 0.88。

2. 设计环境热舒适面积比

可以看出，春季典型日热舒适度较好，夏、冬两季热舒适度较差。下面重点对设计前后夏、冬两季热舒适度进行评价。

（1）夏季典型日 12 时，见图 6-58~ 图 6-60。

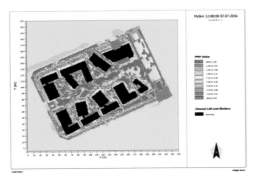

图 6-58　夏季典型日设计环境 12 时 PMV 图　　　图 6-59　夏季典型日设计环境 12 时热舒适分区图

夏季典型日本底热舒适面积比为 0.05，设计热舒适面积比 0.433，热舒适面积比改善值 7.66。

（2）冬季典型日 6 时，见图 6-61。

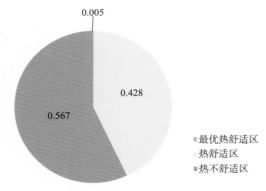
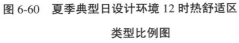
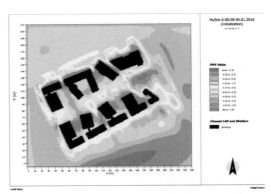

图 6-60　夏季典型日设计环境 12 时热舒适区　　　图 6-61　冬季典型日设计环境 6 时 PMV 图
类型比例图

冬季典型日本底热舒适面积比为 0，设计热舒适面积比 0，热舒适面积比改善值为 0。是由于北京市处于寒冷气候区，本身冬季热舒适性较差，但可看出室外环境 PMV 值有明显的增高，整体寒冷情况减弱。

3. 热舒适面积比增加付出值（SC03-01-K-CP）:

经计算,本底热舒适度有关的成本为55.9万元,故本底热舒适面积付出值为55.9万元,设计热舒适方面的成本为1765.7万元,设计热舒适面积付出值为837.9万元。热舒适面积比付出增加值为14.0。

4. 热舒适面积比改善付出比（SC03-01-K-RIP）:

夏季典型日热舒适面积比改善付出比为1.8,改善效果较为良好;冬季整体热舒适度较低,但有所改善;春季热环境舒适度较好。与同类项目比较,这个项目的舒适度效益相对比较好。

6.7 小结

本节对北京方正医药研究院的实际项目进行舒适度评价。其总体评价综合舒适度得分67.4762分,而薄弱环境和居民舒适度权重最高者都为热环境舒适度。因而,单独选择热环境舒适度作为本项目的重点评价的对象。

对不同景观设计方案的热环境进行研究,对比本底组为没有实施景观设计前的情景,设计方案对绿地布局、植物群落配置、微地形处理、铺装设计、水体设计和立体绿化技术等方面做了相应的考虑,并采用Ecotect和ENVI-met软件进行热环境模拟分析,得出结论:夏季典型日热舒适面积比改善付出比为1.8,改善效果较为良好;冬季整体热舒适度较低,有所改善。春季热环境舒适度较好。可以说验证了目前的景观设计对舒适度的提高具有一定的效果。

第 7 章　总结与展望

本书针对设计师日常工作流程特点，创新地提出了一种"全评价"与"重点评价"相结合的模拟定量评价方法。

（1）首先通过研究建筑室外环境舒适度的相关背景知识，建立了建筑室外环境舒适度评价系统，包括室外舒适度评价考虑达成的目标、构建综合环境舒适度评价体系的几个主要概念、建筑室外环境舒适度的评价流程。

（2）对建筑室外环境舒适度分项进行研究，分别介绍光环境舒适度、风环境舒适度、热环境舒适度、声环境舒适度、合生舒适度、洁净舒适度、触感与质感舒适度、公共服务与市政设施舒适度、秩序感与文脉协调性舒适度 9 类舒适度指标舒适的相关指标和规范、计算机模拟的方法和提高舒适度的方法。

（3）将建筑室外环境舒适度的评价分为全评价和重点评价两个阶段，全评价阶段可由设计师通过逐条查询检查表，根据经验做出。

而重点评价阶段，则需要设计师进一步采用软件模拟做出，得到更为精确的设计手法与舒适度之间的关联性，争取找到付出较少，而改善效果较好的设计手段。

（4）利用上面的方法，我们对项目示范地——北京北大方正医药研究院项目的景观设计与其本底条件进行了对比评测，验证了植栽对舒适度的改善效果。

如果仅有全评价，没有重点评价，则无从得到特定设计手法的准确舒适度改善取值，设计师也就不能从改善舒适度出发，进行针对性的设计。但如果所有项目、所包含的各个方面，都完全采用以计算机模拟为基础的重点评价，则需要耗费过多人力和机时。这就是本书将"全评价"与"重点评价"二者结合起来的原因。希望切实对设计师有一定帮助，而不过分增加他们的负担。

我们注意到，在不同地区，不同的舒适度因子之间对总体舒适度的贡献，存在有一定权重差异性，在本书中，并没有做出普遍调查，而是采用抽样调查的方法，得到了北京等几个示范地所在地区的权重，今后拟进一步补充其他地区的权重取值，使得本评价和改善方法所可应用的地区更为普遍。

参考文献

[1] Demographia.\ World Urban Areas 12th Annual Edition April 2016 [EB/OL].[2016.12.20].http：//www. demographia.com/db-worldua.pdf

[2] Wikipedia.Environment.[EB/OL]. [2016.12.20]. https：//en.wikipedia.org/wiki/Environment

[3] 赵晔.老年人居住环境的舒适性研究 [D]. 天津：天津大学，2003.

[4] Wikipedia.Comfort.[EB/OL]. [2016.12.20]. https：//en.wikipedia.org/wiki/ Comfort.

[5] 郭晗.探索"爱"的真谛——哈利·哈洛 [J]. 大众心理学，2011，（07）：48+12.

[6] Haslam J. Observations on madness and melancholy. Including practical remarks on those diseases， together with cases， and an account of the morbid appearances on dissection.Callow, 1809.

[7] 弗朗索瓦兹·洛卡泰利，阿梅尔·迪马，朱惠康.情绪 [J]. 外国心理学，1982，（02）：53-54.

[8] 知乎用户.多巴胺是什么？它有哪些功能？ [EB/OL][2016.12.20] https://www.zhihu.com/question/20394873

[9] 孙碧英，董丽，叶晓江等.热舒适的生理机制 [J]. 上海第二医科大学学报，2005，25（10）：1041-1044.

[10] 吴志丰.热舒适度评价与城市热环境研究：现状、特点与展望 [J]. 生态学杂志.2016，35（5）：1364-1371.

[11] 闫业超.国内外气候舒适度评价研究进展 .[J]. 地球科学进展，2013.10：1119-1125.

[12] 胡晓倩，张莲，李山，张方方.住宅光环境舒适度的模糊综合评价方法 [J]. 重庆理工大学学报（自然科学），2013.07：103-107.

[13] 孟琪，康健，金虹.使用者的社会因素对地下商业街主观响度和声舒适度影响的调查研究 [J]. 应用声学，2010.09：371-381.

[14] 何强,李斌,葛勇.环境振动舒适度评价指标及方法研究进展 [J]. 重庆工商大学学报(自然科学版），2012.06：71-78.

[15] 孔维东,曾坚,苏毅.中新生态城大型住区居住舒适度的评价方法 [J]. 天津大学学报（社会科学版），2012，（01）：34-37.

[16] 李王鸣，叶信岳，孙于.城市人居环境评价——以杭州城市为例 [J]. 经济地理，1999，19（2）：38 - 43.

[17] Mike Douglass. From global intercity competition to cooperationfor livable cities and economic resilience in Pacific Asia[J]. Environmentand Urbanization，2002，14（1）：53 - 68.

[18]　[日] 中山繁信 . 住得优雅：住宅设计的 34 个法则 [M]. 北京：凤凰空间出版社 .2014.

[19]　王昭俊 . 关于"热感觉"与"热舒适"的讨论 [J]. 建筑热能通风空调，2005，（ 02 ）：93-94+102.

[20]　周湘津，刘顺校 . 历时性看日本建筑竞赛与设计思潮的互动 [J]. 建筑学报，1998，（ 09 ）：43-48+3.

[21]　向荣高 . "超级女声现象"透视 [J]. 青年研究，2005，（ 10 ）：47-51.

[22]　程杰 . 季节性情感障碍与褪黑素及光疗 [J]. 实用医学杂志，2001，（ 10 ）：1011-1012.

[23]　郝影，李文君，张朋，张金艳，许杨，孙宏波 . 国内外光污染研究现状综述 [J]. 中国人口 . 资源与环境，
　　　2014，（ S1 ）：273-275.

[24]　云朋 . 建筑光环境模拟 [M]. 北京：中国建筑工业出版社，2010.7.

[25]　毛宇清，姜爱军，沈澄，颜庭柏 . 紫外线强度等级确定因子的季节性选择 [J]. 气象科学，2010，（ 04 ）：
　　　516-521.

[26]　吴兑 . 到达地面的紫外辐射强度预报 . 气象，2000，26（ 12 ）：38-42.

[27]　刘政轩，韩杰，周晋，张聪，张国强 . 基于风速比和空气龄的小区风环境评价研究 [J]. 建筑技术，
　　　2015，（ 11 ）：996-1001.

[28]　赵倩，张涛 . 城市室外风环境的评价方法整合及策略初探 [A]. 中国城市规划年会 2015 年论文集 [C].
　　　2015.

[29]　Davenport，A.G. An approach to human comfort criteria for environmental wind conditions. CIB/WMO
　　　Colloquium on Building Climatology. Stockholm，1972. 转引自赵倩，张涛 . 城市室外风环境的评价
　　　方法整合及策略初探 [A]. 中国城市规划年会 2015 年论文集 [C]. 2015.

[30]　陈磊，郭子菡 中国 7 亿人遭高温"烧烤"多地曝致人死亡案例 [EB/OL]. http：//www.legaldaily.
　　　com.cn/locality/content/2016-07/28/content_6739044.htm ？ node=30971，2016-07-28/2016-09-10.

[31]　Luke Howard. The climate of London，deduced from Meteorological observations，made at different
　　　places in the neighbourhood of the metropolis. London：W. Philips，1818-20.

[32]　Long WB 3rd，Edlich RF，Winters KL，et al. Cold injuries[J]. J Long Term Eff Med Implants ，2005，
　　　15（ 1 ）：67-78.

[33]　Westfall TC，Yang CL，Chen X，et al. A novel mechanism prevents the development of hypertension
　　　during chronic cold stress[J]. Auton Autacoid Pharmacol，2005，25（ 4 ）：171-177.

[34]　Gagge AP，Fobelets A，Berglund L. A standard predictive index of human response to the thermal
　　　environment[J]. ASHRAE Transactions，1986，92（ 2 ）：709-731.

[35]　Spagnolo J，De Dear R. A field study of thermal comfort in outdoor and semi-outdoor environments in
　　　subtropical Sydney Australia[J]. Building and Environment，2003，38（ 5 ）：721-738.

[36]　林荣波 . 绿化对室外热环境影响的研究 [D]. 北京：清华大学，2004.

[37]　Swaid H，Hoffman M E. Prediction of urban air temperature variations using the analytical CTTC
　　　model[J]. Energy and Buildings. 1990，14（ 4 ）：313-324.

[38] 王丹丹 . 城市公园声景观——声音元素量化主观评价研究 [D]. 天津大学 . 2007.06.

[39] 秦佑国 . 声景学的范畴 [J]. 建筑学报，2005，（01）: 45-46.

[40] MIND. Ecotherapy: The Green Agenda for Mental Health[R]. MIND weekly report，2007.05.pp28

[41] T. Hartig，M. Mang，and G. W. Evans. Restorative Effects of Natural Environmental Experience. Environment and Behavior 33（1991）: 3-26；T. Hartig and H. Staats. The Need for Psychological Restoration as a Determinant of Environmental Preferences. Journal cfEnvironmental Psychology 26（2006）: 215-226.

[42] Roger Ulrich. View through a Window May Influence Recovery from Surgery. Science 224（April27，1984）: 421.

[43] 周德平，佟维华，温日红，姜鹏，贾宁，王扬锋，洪也 . 闾山国家级森林公园负氧离子观测及其空气质量分析 [J]. 干旱区资源与环境，2015，（03）: 181-187.

[44] 新华社 . 国际能源署：全球每年 650 万人死于空气污染 [EB/OL]. [2016.6.28]. http：//finance.china.com.cn/industry/energy/nyyw/20160628/3786661.shtml.

[45] 周晓青，孙立军，颜利 . 各国路面平整度验收规范 [J]. 中外公路，2006，（01）: 52-56.

[46] 龚清宇，王林超，苏毅 . 可渗水面积率在控规中的估算方法与设计应用 [J]. 城市规划，2006，（03）: 67-72.

[47] 朱旭辉 . 城市风貌规划的体系构成要素 [J]. 城市规划汇刊，1998，（06）: 43-57.